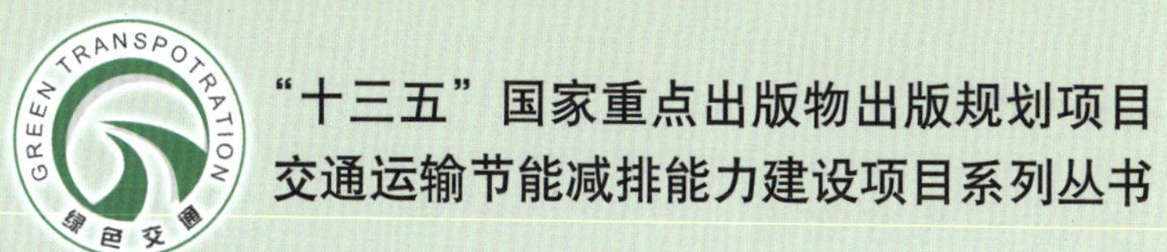

"十三五"国家重点出版物出版规划项目
交通运输节能减排能力建设项目系列丛书

JIAOTONG YUNSHU
JIENENG JIANPAI XIANGMU
JIENENG JIANPAILIANG HUO
TOUZIE HESUAN JISHU XIZE

交通运输节能减排
项目节能减排量或投资额核算技术细则

刘 芳 方 海 王 艳 主编

内容提要

本书重点针对公路、水路交通运输领域中主要节能减排技术应用和管理方法优化等具体项目，估算其产生的节能量、替代燃料量或节能减排投资额。本书共包括 43 个核算方法，第 1 ~ 23 个针对公路、水路交通运输基础设施建设与运营领域；第 24 ~ 33 个针对公路、水路交通运输装备领域；第 34 ~ 43 个针对公路、水路交通运输管理与服务能力建设领域。

本书可供从事或关注节能减排的公路、水路交通运输管理人员、技术人员和研究人员参考。

图书在版编目（CIP）数据

交通运输节能减排项目节能减排量或投资额核算技术细则 / 刘芳，方海，王艳主编 . —北京：人民交通出版社股份有限公司，2016.7

ISBN 978-7-114-13180-6

Ⅰ. ①交… Ⅱ. ①刘… ②方… ③王… Ⅲ. ①交通运输—二氧化碳—废气排放量—研究—中国②交通运输—二氧化碳—废气排放量—总排污量控制—投资—研究—中国 Ⅳ. ① X511.082

中国版本图书馆 CIP 数据核字 (2016) 第 165896 号

书　　名： 交通运输节能减排项目节能减排量或投资额核算技术细则
著 作 者： 刘　芳　方　海　王　艳
责任编辑： 韩亚楠　崔　建
出版发行： 人民交通出版社股份有限公司
地　　址：（100011）北京市朝阳区安定门外外馆斜街3号
网　　址： http://www.ccpress.com.cn
销售电话：（010）59757973
总 经 销： 人民交通出版社股份有限公司发行部
经　　销： 各地新华书店
印　　刷： 北京市密东印刷有限公司
开　　本： 720 × 960　1/16
印　　张： 13
字　　数： 165千
版　　次： 2016年7月　第1版
印　　次： 2016年7月　第1次印刷
书　　号： ISBN 978-7-114-13180-6
定　　价： 42.00元

《交通运输节能减排能力建设项目系列丛书》编委会

《交通运输节能减排项目节能减排量或投资额核算技术细则》编委会

前言

QIANYAN

2009年，国务院两次常务会议明确提出“大力发展绿色经济”，交通运输行业是第三大能源消费大户，对节能减排十分重视。2011年财政部和交通运输部联合设立了交通运输节能减排专项资金，重点用于支持公路、水路交通运输行业推广应用节能减排新机制、新技术、新工艺、新产品的开发和应用。

自2011年开始，交通运输节能减排项目管理中心陆续组织相关技术支撑单位，研究制订各类交通运输节能减排项目的节能减排量或投资额核算方法，逐步形成了本书中所给出的43个核算技术细则，不仅为“十二五”期间专项资金支持交通运输节能减排项目节能减排量或投资额的核算提供了依据，也为引导交通运输企事业单位推进节能减排工作指出了技术方向。

本书将交通运输节能减排项目按照公路、水路交通运输基础设施建设与运营、运输装备和管理与服务能力建设三大领域进行分类。同时，按专项资金补助方式，分为按节能减排量和按投资额进行核算的两类项目。交通运输节能减排项目节能减排量的核算期为1年，其节能减排量应按项目正常营运状态的能源消耗据实核算。运行期满1年的项目，其节能减排量按运行期截止时间前1年内产生的实际节能减排量进行核算；运行期不足1年的项目，可按实施细则中提供方法估算1年的节能减排量。对于交通运输基础设施建设环节实施的项目，其节能效果仅在施工过程中体现，运行期不再产生节能效果的，其节能减排量的核算期为项目的施工期。按照投资额进行核算的项目，其核算期为项目的实施期。

本书是《交通运输节能减排能力建设项目系列丛书》书目之一，在编写和出版过程中，一直得到财政部经济建设司和交通运输部节能减排主管部门的大力支持和指导，对此我们谨表示深深的谢意。交通运输部规划研究院、交通运输部科学研究院、交通运输部公路科学研究院、交通运输部水运科学研究院、交通运输部天津水运工程研究院、中交水运规划设计院有限公司、重庆市综合运输研究所、江苏中路工程技术研究院有限公司和江苏省交通研究科学院等单位，为各类项目核算技术细则制订开展了大量研究工作。中国道路运输协会姚明德会长、辽宁省交通运输厅刘长辉处长、中国交通运输协会吴综高工、天津港集团王得蓉高工等也在百忙中给予了极大的支持与帮助，并提出了许多宝贵的意见。编写过程中，还参考了一些国内外专家学者们的研究成果。在本书出版发行之际，谨对为本书的出版提供各种帮助的专家学者、同事朋友及有关人员表示我们衷心的谢意，向引用的参考标准的作者表示感谢，向人民交通出版社相关人员表示感谢。

由于本书内容涉及交通运输节能减排领域中多个方面，加之编写组水平有限，难免出现错误、纰漏，敬请读者赐教指正，助其尽善。

编写组

2016 年 6 月

目录

MULU

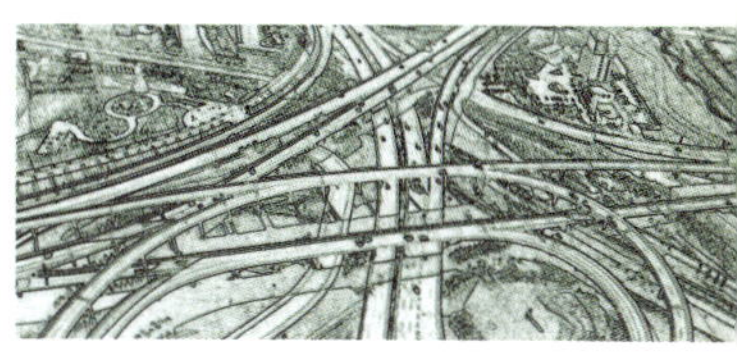

第一章
公路、水路交通运输基础设施建设与运营领域

Gonglu Shuilu Jiaotong Yunshu Jichu Sheshi Jianshe yu Yunying Lingyu

第一节　公路基础设施建设与运营

1. 温拌沥青混合料技术应用项目节能减排量核算技术细则

1）适用范围

本细则适用于以温拌添加剂或温拌沥青为原料拌制的温拌沥青混合料技术应用项目节能量的核算。

温拌沥青混合料技术是指路用性能满足《公路沥青路面施工技术规范》（JTG F40—2004）的技术要求，与同类型的热拌沥青混合料相比，其路用性能有所提高或相当，且拌和温度应降低30℃以上的沥青路面技术。

2）参考标准

（1）GB/T 2589—2008 综合能耗计算通则；

（2）JTG F40—2004 公路沥青路面施工技术规范。

3）核算方法

（1）单位温拌沥青混合料节油量的确定

本细则中拌制沥青混合料燃油消耗量主要是指拌和设备在加热沥青混合料的过程中所消耗的燃油量。

①单位温拌沥青混合料燃油消耗量的确定

对不同类型的温拌沥青混合料，按照各个工程项目中温拌沥青混合料的用量（单位：t）和所消耗的燃油量（单位：kg），确定单位质量温拌沥青混合料的燃油消耗量（单位：kg/t），其计算公式如下：

某一类型温拌沥青混合料总用量

=Σ各个工程项目中该类型温拌沥青混合料的用量　（1-1）

某一类型温拌沥青混合料燃油消耗量

=Σ各个工程项目中拌制该类型温拌沥青混合料的燃油消耗量（1-2）

某一类型温拌沥青混合料单位燃油消耗量

=该类型温拌沥青混合料燃油消耗量/该类型温拌沥青混合料总用量

（1-3）

②单位同类型热拌沥青混合料燃油消耗量的确定

按照同一地区内既有的应用同类型热拌沥青混合料的项目，根据其统计的热拌沥青混合料拌制数量（单位：t）和燃油消耗量（单位：kg），确定拌制单位质量相同类型常规热拌沥青混合料所消耗的燃油量(单位：kg/t)，其计算公式如下：

某一类型热拌沥青混合料总用量

=Σ各个工程项目中该类型热拌沥青混合料的用量　（1-4）

某一类型热拌沥青混合料燃油消耗量

=Σ各个工程项目中拌制该类型热拌沥青混合料的燃油消耗量（1-5）

某一类型热拌沥青混合料单位燃油消耗量

=该类型热拌沥青混合料燃油消耗量/该类型热拌沥青混合料总用量

（1-6）

③单位温拌沥青混合料节油量的确定

采用某类型温拌沥青混合料技术所产生的单位节油量（单位：kg/t），是同类型热拌沥青混合料的单位燃油消耗量与该类型温拌沥青混合料单位燃油消耗量之差，其计算公式如下：

某一类型温拌沥青混合料单位节油量

=同类型热拌沥青混合料单位耗油量－

该类型温拌沥青混合料单位耗油量 （1–7）

（2）项目节油量的确定

根据不同类型的温拌沥青混合料用量（单位：t）和其单位节油量，可核算项目采用温拌技术的节油量（单位：kg），其计算公式如下：

某一类型温拌沥青混合料节油量

=该类型温拌沥青混合料用量 × 该类型温拌沥青混合料单位节油量

（1–8）

项目节油量=Σ各个类型温拌沥青混合料节油量 （1–9）

（3）项目节能量的确定

将项目采用温拌沥青混合料所节约的燃油量折算为标准煤，即得到项目的节能量（单位：tce），其计算公式如下：

项目的节能量=项目的节油量×燃油折算标准煤系数×10^{-3} （1–10）

式中，燃油折算标准煤系数见表1–1。

各种能源折算标准煤参考系数 表1–1

能源名称	折算标准煤系数（kgce/kg）	能源名称	折算标准煤系数（kgce/kg）
燃料油	1.4286	渣油	1.4286
柴油	1.4571		

注：根据GB/T 2589—2008计算所得。

4）证明材料

项目申请单位应提交以下证明材料：

a. 项目立项相关的证明材料。其中包括：项目立项批复文件，办公会决议，会议纪要等。

b. 项目节能量核算相关的支撑材料。其中包括：采用温拌沥青混合料的燃油消耗情况（表 1–2）、采用热拌沥青混合料的燃油消耗情况（表 1–3）；购买温拌沥青或 / 和温拌添加剂的采购合同和发票等。

采用温拌沥青混合料的燃油消耗情况　　表 1–2

填表单位（公章）：　　填表日期：　年　月　日

序号	工程项目名称	温拌沥青混合料		沥青或温拌沥青标号 / 类型	温拌添加剂品牌 / 型号	出料温度（℃）	燃油消耗量（kg）	备注
		类型	数量（t）					
1								
2								
…								
合计	—	—		—	—	—		—

单位负责人：　审核人：　填表人：　联系电话：

注：1. 工程项目名称：指采用温拌沥青混合料所施工的具体路段名称。

2. 温拌混合料类型：指 AC–13、SMA–16 等。

3. 沥青或温拌沥青标号 / 类型：指项目采用的沥青 / 温拌沥青的标号或改性沥青 / 改性温拌沥青的类型及生产厂家、品牌等。

4. 温拌添加剂品牌 / 型号：应填写生产 / 经销厂商及型号，采用温拌沥青拌制的温拌沥青混合料，本栏可不填写。

5. 燃油消耗量：根据实测得到的温拌沥青混合料所消耗的燃油量，如果仅测试部分温拌沥青混合料的燃油消耗情况，可按单位温拌沥青混合料的燃油消耗量和温拌沥青混合料的数量计算求得。

6. 在备注中应注明燃油种类，以及温拌沥青混合料应用的路面结构层次，摊铺厚度、宽度、长度等详细情况。

采用热拌沥青混合料的燃油消耗情况　　表 1-3

填表单位（公章）：　　填表日期：　　年　月　日

序号	工程项目名称	热拌沥青混合料		沥青标号 / 类型	出料温度（℃）	燃油消耗量（kg）	备注
		类型	数量（t）				
1							
2							
…							
合计	—	—		—	—		—

单位负责人：　　审核人：　　填表人：　　联系电话：

注：1. 工程项目名称：指同一地区内采用热拌沥青混合料所施工的具体路段的名称。

2. 热拌混合料类型：指 AC-13、SMA-16 等。

3. 沥青标号 / 类型：指项目采用的沥青标号或改性沥青的类型及生产厂家、品牌等。

4. 燃油消耗量：根据实测得到的热拌沥青混合料所消耗的燃油量，如果仅测试部分热拌沥青混合料的燃油消耗情况，可按单位热拌沥青混合料的燃油消耗量和热拌沥青混合料的数量计算求得。

5. 在备注中注明燃油种类等情况。

c. 项目施工相关的证明材料。其中包括：含温拌沥青混合料拌和温度、摊铺温度、碾压温度，温拌沥青混合料性能等内容的项目施工监理报告或证明等。

d. 项目完成时间相关的证明材料。其中包括项目交工验收文件等。

2. 沥青路面冷再生技术应用项目节能减排量核算技术细则

1）适用范围

本细则适用于以乳化沥青或泡沫沥青为再生结合料的沥青路面冷再生技术应用项目节能量的核算。

沥青路面冷再生技术是指将回收沥青路面材料（RAP），经破碎和筛分（必要时），以一定的比例与新集料、再生结合料、活性填料、水，经过常温拌和、摊铺、碾压形成路面结构层的一种沥青路面再生技术。沥青路面冷再生混合料路用性能应符合《公路沥青路面再生技术规范》（JTG F41—2008）的技术要求。沥青路面冷再生技术包括厂拌冷再生和就地冷再生两种方式。

2）参考标准

（1）GB/T 2589—2008 综合能耗计算通则；

（2）JTG F41—2008 公路沥青路面再生技术规范。

3）核算方法

（1）单位冷再生混合料节油量的确定

本细则中冷再生沥青混合料节油量主要是拌制冷再生沥青混合料比拌制热拌沥青混合料过程中所少消耗的燃油量，且主要是加热集料所消耗的燃油量。

①单位冷再生沥青混合料燃油消耗量的确定

按照各个工程项目中冷再生沥青混合料的用量（单位：t）和所消耗的燃油量（单位：kg），确定单位质量冷再生沥青混合料的燃油消耗量（单位：kg/t），其计算公式如下：

单位冷再生沥青混合料单位燃油消耗量

=冷再生沥青混合料燃油消耗总量 / 冷再生沥青混合料总量　（2-1）

②单位热拌沥青混合料燃油消耗量的确定

按照同一地区内既有的应用热拌沥青稳定碎石（ATB）的项目，根据其统计（或实测）的热拌沥青稳定碎石拌制数量（单位：t）和燃油消耗量（单位：kg），确定拌制单位质量热拌沥青稳定碎石所消耗的燃油量（单位：kg/t），其计算公式如下：

单位热拌沥青稳定碎石单位燃油消耗量

=热拌沥青稳定碎石燃油消耗总量 / 热拌沥青稳定碎石总量 （2-2）

③单位冷再生沥青混合料节油量的确定

应用沥青路面冷再生技术所产生的单位节油量（单位：kg/t），是热拌沥青稳定碎石（ATB）的单位燃油消耗量与冷再生沥青混合料单位燃油消耗量之差，其计算公式如下：

冷再生沥青混合料单位节油量

=热拌沥青稳定碎石单位耗油量-冷再生沥青混合料单位耗油量（2-3）

（2）项目节油量的确定

根据冷再生沥青混合料用量（单位：t）和其单位节油量，可核算项目采用冷再生技术的节油量（单位：kg），其计算公式如下：

冷再生沥青混合料节油量

=冷再生沥青混合料用量 × 冷再生沥青混合料单位节油量 （2-4）

（3）项目节能量的确定

将项目应用冷再生沥青混合料所节约的燃油量折算为标准煤，即得到项目的节能量（单位：tce），其计算公式如下：

项目的节能量=项目的节油量 × 燃油折算标准煤系数 × 10^{-3} （2-5）

式中，燃油折算标准煤系数见表 2-1。

各种能源折算标准煤参考系数 表 2-1

能源名称	折算标准煤系数	能源名称	折算标准煤系数
燃料油、渣油	1.4286kgce/kg	气田天然气	1.2143kgce/m^3
柴油	1.4571kgce/kg	电力（等价值）	0.330kgce/（kW·h）
液化石油气	1.7143kgce/kg	原煤	0.7144kgce/kg
油田天然气	1.3300kgce/m^3	洗精煤	0.9000kgce/kg

注：根据 GB/T 2589—2008 和中国电力企业联合会数据整理。

4）证明材料

项目申请单位应提交以下证明材料：

a. 项目立项相关的证明材料。其中包括：项目立项批复文件，办公会决议，会议纪要等。

b. 项目节能量核算相关的支撑材料。其中包括：采用冷再生沥青混合料的燃油消耗情况（表 2–2）、采用热拌沥青稳定碎石（ATB）的燃油消耗情况（表 2–3）。

冷再生沥青混合料的燃油消耗情况　　表 2–2

填表单位（公章）：　　　　填表日期：　　年　月　日

序号	工程项目名称	混合料类型	混合料用量（t）	沥青加热燃油消耗（kg）	混合料拌和燃油消耗（kg）	生产过程燃油总消耗（kg）	备注
1							
2							
…							
合计							

单位负责人：　　　审核人：　　　填表人：　　　联系电话：

注：1. 工程项目名称：指采用冷再生沥青混合料所施工的具体路段名称。

2. 混合料类型：指乳化沥青冷再生混合料或泡沫沥青冷再生混合料。

3. 混合料用量：指项目使用冷再生混合料总量。

4. 燃油消耗量：根据实测得到的冷再生沥青混合料所消耗的燃油量，如果仅测试部分冷再生沥青混合料的燃油消耗情况，可按单位冷再生沥青混合料的燃油消耗量和冷再生沥青混合料的数量计算求得。

5. 在备注中应注明燃油种类，以及冷再生沥青混合料应用的路面结构层次，摊铺厚度、宽度、长度等详细情况。

热拌沥青稳定碎石（ATB）的燃油消耗情况　　表 2-3

填表单位（公章）：　　填表日期：　　年　月　日

序号	工程项目名称	混合料用量（t）	沥青加热燃油消耗（kg）	集料加热燃油消耗（kg）	混合料拌和燃油消耗（kg）	生产过程燃油总消耗（kg）	备注
1							
2							
…							
合计							

单位负责人：　　审核人：　　填表人：　　联系电话：

注：1. 工程项目名称：指同一地区内采用热拌沥青稳定碎石（ATB）所施工的具体路段的名称。

2. 混合料用量：指项目使用热拌沥青稳定碎石总量。

3. 燃油消耗量：根据实测得到的热拌沥青稳定碎石所消耗的燃油量，如果仅测试部分热拌沥青稳定碎石的燃油消耗情况，可按单位热拌沥青稳定碎石的燃油消耗量和热拌沥青稳定碎石的数量计算求得。

4. 在备注中注明燃油种类等。

c. 项目施工相关的证明材料。其中包括：含冷再生沥青混合料性能、工程量等内容的项目施工监理报告或证明等。

d. 项目完成时间相关的证明材料。其中包括项目交工验收文件等。

3. 电子不停车收费系统（ETC）应用项目节能减排量核算技术细则

1）适用范围

本细则适用于电子不停车收费系统（ETC）应用项目所产生的节能量的核算工作。

2）参考标准

（1）CJJ 37—2012 城市道路工程设计规范；

（2）JTG B01—2014 公路工程技术标准；

（3）GB/T 2589—2008 综合能耗计算通则。

3）核算方法

（1）ETC 入口车道节油量的确定

① ETC 入口车道年度交通量的确定

根据项目运行期（不超过 12 个月）每条 ETC 入口车道各月交通量（折算成标准小客车，各汽车代表车型与车辆折算系数见表 3–1）来计算 ETC 入口车道月均交通量（单位：辆），并据此计算 ETC 入口车道年度交通量（单位：辆），其计算公式如下：

$$\text{第 } i \text{ 条 ETC 入口车道月均交通量} = \sum_{j=1}^{m} \text{第 } i \text{ 条第 } j \text{ 月 ETC 入口车道交通量} / m \tag{3-1}$$

$$\text{ETC 入口车道年度交通量} = \sum_{i=1}^{n} \text{第 } i \text{ 条 ETC 入口车道月均交通量} \times 12 \tag{3-2}$$

式中，m 为项目实际运行月数；n 为项目中包含的 ETC 出口车道总数量。

注：1. 如果 ETC 入口车道运行满 1 年，则按下式计算年度交通量。

$$\text{ETC 入口车道年度交通量} = \sum_{j=1}^{12} \sum_{i=1}^{n} \text{第 } i \text{ 条 ETC 入口车道月交通量} \tag{3-3}$$

2. 对于计划实施的项目，ETC 入口交通量可根据项目工可文件中的 ETC 交通量预测数据取值，或者按照项目实施前 1 年的实际交通量和项目所在省（直辖市、自治区）ETC 车辆占比（须提供省级交通主管部门盖章的证明文件）进行估算。

各汽车代表车型与车辆折算系数　　表 3-1

汽车代表车型	车辆折算系数	说　明
小客车	1	≤ 19 座的客车和载质量≤ 2t 的货车
中型车	1.5	>19 座的客车和 2t< 载质量≤ 7t 的货车
大型车	2	7t< 载质量≤ 14t 的货车
拖挂车	3	载质量 >14t 的货车

② ETC 入口车道年度节油量的确定

根据 ETC 入口车道年度交通量（单位：辆）和单车通过 ETC 入口节油量（单位：L/ 辆）可以计算出 ETC 入口车道年度节油量（单位：L），其计算公式如下：

ETC 入口车道年度节油量

= ETC 入口车道年度交通量 × 单车通过 ETC 入口节油量　　（3-4）

式中，单车通过 ETC 入口节油量应依据实际运行情况测算后确定，如未经第三方机构审核，建议取值 0.0384L/ 辆。

（2）ETC 出口车道节油量的确定

① ETC 出口车道年度交通量的确定

根据项目运行期（不超过 12 个月）每条 ETC 出口车道各月交通量（折算成标准小客车，各汽车代表车型与车辆折算系数见表 3-1）来计算 ETC 出口车道月均交通量(单位: 辆), 并据此计算 ETC 出口车道年度交通量(单位：辆），其计算公式如下：

第 i 条 ETC 出口车道月均交通量

$$= \sum_{j=1}^{m} 第\ i\ 条第\ j\ 月\ \text{ETC}\ 出口车道交通量\ /m \qquad (3-5)$$

ETC 出口车道年度交通量

$$= \sum_{i=1}^{n} 第\ i\ 条\ \text{ETC}\ 出口车道月均交通量 \times 12 \qquad (3-6)$$

式中, m 为项目实际运行月数; n 为项目中包含的 ETC 出口车道总数量。

注：1. 如果 ETC 出口车道运行满 1 年，则按下式计算年度交通量。

$$\text{ETC 出口车道年度交通量} = \sum_{j=1}^{12}\sum_{i=1}^{n} \text{第 } i \text{ 条 ETC 出口车道月均交通量} \tag{3-7}$$

2. 对于计划实施的项目，ETC 出口交通量可参照第（1）节①中注 2 进行预估。

② ETC 出口车道年度节油量的确定

根据 ETC 出口车道年度交通量和单车通过 ETC 出口节油量可以计算出 ETC 出口车道年度节油量（单位：L），其计算公式如下：

ETC 出口车道年度节油量

= ETC 出口车道年度交通量 × 单车通过 ETC 出口节油量　（3-8）

式中，单车通过 ETC 出口节油量应依据实际运行情况测算后确定，如未经第三方机构审核，建议取值 0.0896L/ 辆。

（3）ETC 车道节油量的确定

ETC 车道核算期（1 年）内产生的节油量（单位：kg）为 ETC 入口车道年度节油量（单位：L）和 ETC 出口车道年度节油量（单位：L）之和，其计算公式如下：

ETC 车道节油量

=（ETC 入口车道年度节油量 +

ETC 出口车道年度节油量）× 汽油密度　（3-9）

注：汽油密度取值为 0.725kg/L。

（4）ETC 车道节能量的确定

将 ETC 车道节油量乘以汽油折算标准煤系数，可求得 ETC 车道节能量（单位：tce），其计算公式如下：

ETC 车道节能量 = ETC 车道节油量 × 汽油折算标准煤系数 × 10^{-3}（3-10）

注：汽油折算标准煤的折算系数为 1.4714kgce/kg（根据 GB/T 2589—

2008 计算所得）。

4）证明材料

项目申请单位应提交以下证明材料：

a. 项目立项相关的证明材料。其中包括：项目立项批复文件，办公会议决议，会议纪要等。

b. 项目节能量核算相关的支撑材料。其中包括项目改造后核算期内应用 ETC 车道的车辆交通量统计（表 3–2）等。

ETC（入口 / 出口）车道交通量统计　　表 3–2

填表单位（公章）：　　填表日期：　　年　月　日

序号	收费站名称	ETC 车道号	统计年月	月绝对交通量	折算成相对交通量	备　注
1						
2						
3						
…						
合计						

单位负责人：　　审核人：　　填表人：　　联系电话：

注：1. 统计年月：指核算期内进行 ETC 车道交通量统计的月份。

2. 月绝对交通量：ETC 软件中统计的绝对车辆数。

3. 折算成相对交通量：折算成小客车后的交通量。

4. 该统计表中月绝对交通量数据须出自申请单位的相关统计台账。

5. 备注中应注明当月交通量中型车及以上各类车型数量。

c. 项目设备改装或购置相关的证明材料。其中包括设备采购合同和设备购置发票等。

d. 项目完成时间相关的证明材料。其中包括项目交工验收文件等。

4. 公路隧道通风智能控制系统应用项目节能减排量核算技术细则

1）适用范围

本细则适用于公路隧道通风智能控制系统的应用所产生的节能量的核算工作，主要针对长度在 2km 以上的隧道，利用各点分布的传感器，实时检测隧道各断面一氧化碳（CO）浓度和烟雾（VI）浓度，使风机在符合国家安全标准和隧道设计规范的前提下按照 CO/VI 浓度变频运行的公路隧道通风智能控制系统。

2）参考标准

（1）GB/T 2589—2008 综合能耗计算通则；

（2）JTG/T D70/2-02—2014 公路隧道通风设计细则[1]；

（3）JTG D70—2004 公路隧道设计规范。

3）核算方法

（1）项目节电量的确定

①项目实施前基准用电量的确定

根据项目实施后单台风机年度实际运行时间（单位：h）和该型号风机的额定功率（单位：kW），确定核算单台风机节电量的基准用电量（单

[1] 本标准施行（2014 年 8 月 1 日）之前已完成设计的项目，应参照《公路隧道通风照明规范》（JTJ 026.1—1999）。

位：kW·h），可进一步求得项目实施前基准用电量，其计算公式如下：

$$项目实施后第\ i\ 台风机月均运行时间 = \sum_{j=1}^{m} 项目实施后第\ i\ 台风机第\ j\ 月运行时间 / m \tag{4-1}$$

$$项目实施后第\ i\ 台风机年度运行时间 = 项目实施后第\ i\ 台风机月均运行时间 \times 12 \tag{4-2}$$

$$项目实施前基准用电量 = \sum_{j=1}^{n}（第\ i\ 台风机的额定功率 \times 项目实施后第\ i\ 台风机年度运行时间） \tag{4-3}$$

式中，m 为项目实际运行月数，且 $m \leqslant 12$；n 为风机总台数。

注：1. 如果项目实施后运行期已满 1 年，单台风机年度运行时间可按以下计算公式计算。

$$项目实施后第\ i\ 台风机年度运行时间 = \sum_{j=1}^{12} 项目实施后第\ i\ 台风机第\ j\ 月运行时间 \tag{4-4}$$

2. 对于新建项目，项目实施前基准用电量可按以下计算公式估算。

$$项目实施前基准用电量 = 项目设计容量（单位：kW）\times 项目实施后风机年度运行时间 \tag{4-5}$$

式中，项目设计容量可根据设计文件确定。

3. 对于计划实施的项目，单台风机月度运行时间可根据设计文件确定，若每月计划运行时间超过 90h 的按 90h 估算。

②项目实施后年度用电量的确定

根据项目改造后运行期（不超过 12 个月）单台风机各月电表记录数据，确定项目实施后单台风机年度用电量（单位：kW·h），可进一步求得项目实施后年度用电量，其计算公式如下：

项目实施后第 i 台风机月均用电量

$$= \sum_{j=1}^{m} 项目实施后第\ i\ 台风机第\ j\ 月实际用电量 / m \quad (4-6)$$

项目实施后第 i 台风机年度用电量

$$= 项目实施后第\ i\ 台风机月均用电量 \times 12 \quad (4-7)$$

项目实施后年度用电量

$$= \sum_{i=1}^{n} 项目实施后第\ i\ 台风机年度用电量 \quad (4-8)$$

式中，m 为项目实际运行月数，且 $m \leqslant 12$；n 为风机总台数。

注：1. 如果项目实施后运行期已满 1 年，可按以下计算公式计算。

项目实施后第 i 台风机年度用电量

$$= \sum_{j=1}^{12} 项目实施后第\ i\ 台风机第\ j\ 月实际用电量 \quad (4-9)$$

2. 对于计划实施项目，项目实施后用电量可按以下计算公式估算。

项目实施后年度用电量

$$= 项目控制容量（单位：kW）\times 项目实施后风机年度运行时间 \quad (4-10)$$

式中，项目控制容量和风机年度运行时间可根据设计文件确定。若单台风机每月计划运行时间超过 90h，按 90h 估算。

③项目节电量的确定

项目实施后核算期（12 个月）内节电量（单位：kW·h），由项目实施前基准用电量和项目实施后年度用电量共同确定。计算公式如下：

$$项目节电量 = 项目实施前基准用电量 - 项目实施后年度用电量 \quad (4-11)$$

（2）项目节能量的确定

将项目节电量折算为标准煤，即得到项目节能量（单位：tce），其计算公式如下：

$$项目节能量 = 项目节电量 \times 电能折算标准煤系数 \times 10^{-3} \quad (4-12)$$

注：电能折算标准煤的系数取值为0.330kgce/（kW·h）（按中国电力企业联合会公布的2011年6000kW及以上电厂供电煤耗取值）。

4）证明材料

项目申请单位应提交以下证明材料：

a. 项目立项相关的证明材料。其中包括：项目立项批复文件，办公会议决议，会议纪要等。

b. 项目节能量核算相关的支撑材料。其中包括项目实施后核算期内公路隧道通风智能控制系统的能耗统计（表4–1）等。

c. 项目设备改装或购置相关的证明材料。其中包括设备采购合同和设备购置发票等。

d. 项目完成时间相关的证明材料。其中包括项目交工验收文件等。

项目实施后公路隧道智能通风控制系统能耗统计 表4–1

填表单位（公章）： 填表日期： 年 月 日

序号	风机编号	统计年月	风机型号	风机月电量	本月运行时间	备注
1						
2						
…						
合计						

单位负责人： 审核人： 填表人： 联系电话：

注：1. 统计年月：指核算期内进行能耗统计的月份。

2. 风机月电量：单台风机统计月的电表记录数据。

3. 本月运行时间：项目实施后风机实际统计月运行时间。

4. 该统计表中统计数据须出自申请单位的相关统计台账。

5. 公路建设施工期集中供电技术应用项目节能减排量核算技术细则

1）适用范围

本细则适用于公路建设施工期集中供电技术应用项目替代燃料量的核算。集中供电技术主要指通过建设变电设施及外接电接入电网为主要施工工区提供施工用电，以代替传统的施工区柴油发电的技术措施。

2）参考标准

GB/T 2589—2008 综合能耗计算通则。

3）核算方法

（1）单位发电量柴油消耗量的确定

单位发电量柴油消耗量，是指项目所在地采用柴油发电方式进行供电时，完成单位发电量的柴油消耗量。单位发电量柴油消耗量应根据当地实际情况，经测算后确定。

注：如未经第三方机构审核，建议按固定单位发电量的柴油消耗量[取值 0.22kg/(kW·h)]进行核算，即采用柴油发电机完成 1kW·h 发电量需消耗 0.22kg 柴油。

（2）项目用电量的确定

依据项目中各个电表在项目施工期内首末次读数，确定建设施工期集中供电用电量（单位：kW·h），其计算公式如下：

$$\text{项目用电量} = \sum_{i=1}^{n}(\text{第 } i \text{ 个电表末次电表读数} - \text{电表首次电表读数}) \times \text{该电表的倍率} \tag{5-1}$$

式中，n 为项目中电表数量。

注：对于计划实施的项目，项目用电量可依据可研报告和设计文件等进行取值。

（3）替代燃料量的确定

①项目替代柴油量的确定

将项目用电量（单位：kW·h）乘以单位发电量的柴油消耗量，即可得出项目的替代柴油量（单位：kg），其计算公式如下：

项目替代柴油量 = 项目用电量 × 单位发电量的燃油消耗量　（5-2）

②项目替代燃料量的确定

将项目的替代柴油量折算为替代燃料量（单位：toe），其计算公式如下：

$$\text{项目替代燃料量} = \text{项目替代柴油量} \times \text{柴油折算标准油系数} \times 10^{-3} \quad (5\text{-}3)$$

注：柴油折算标准油系数取值为 1.02kgoe/kg（根据 GB/T 2589—2008 计算所得）。

4）证明材料

项目申请单位应提交以下证明材料：

a. 项目立项相关的证明材料。其中包括：项目立项批复文件，办公会决议，会议纪要等。

b. 项目替代燃料量核算相关的支撑材料。其中包括：采用集中供电的月度电力消耗清单（表 5-1），最新的投资估算、预算或决算文件，电力消耗发票等。

c. 项目设备购置相关的证明材料。其中包括本项目主要设备购置清单（表 5-2）及设备采购合同和设备购置发票。

d. 项目完成时间相关的证明材料。其中包括项目交工验收文件等。

采用集中供电的月度电力消耗统计　　表 5-1

填表单位（公章）：　　　　填表日期：　　年　月　日

序号	电表编号	记录日期	电表读数	电表倍率	施工路段桩号	里程（km）	备注
1							
2							
…							
合计							

单位负责人：　　审核人：　　填表人：　　联系电话：

注：1. 本表每个电表填报一张，应记录整个项目施工期的电表读数。

2. 记录日期应为每月的同一日期，另需该表对应施工段在施工期开始前一日记录一次、施工期结束后一日记录一次。

3. 电表读数：应为记录日期当天电表的实际读数。

4. 施工路段桩号是指该电表本周期内供电的具体路段。

5. 统计数据须出自申请单位的相关统计台账。

主要设备购置清单　　表 5-2

填表单位（公章）：　　　　填表日期：　　年　月　日

序号	位置(桩号)	变压器						外接电					合计费用(万元)
		数量(台)	规格容量(kV·A)	单价(万元/台)	购置费(万元)	购置日期	发票号码	长度(km)	单价(万元/km)	购置费(万元)	购置日期	发票号码	
1													
2													
…													
合计													

单位负责人：　　审核人：　　填表人：　　联系电话：

注：1. 位置（桩号）：指相应变压器、外接电应的施工路段，以起止桩号填写，如“K000+000~K015+010”。

2. 变压器规格容量：从设备说明书或变压器铭牌中获取。

6. 公路供配电节能技术应用项目节能减排量核算技术细则

1）适用范围

本细则适用于公路供配电设施采用智慧供电方式或供配电节能技术的节能量核算工作。

本细则所指的公路供配电节能技术应用项目，是指在公路监控外场设施、道路（隧道）照明等供配电系统中，所实施的降低线损、无功补偿、照明调压和经济运行等技术应用项目。项目实施后，供电系统三相不平衡度须低于 5%，末端电压须浮动在 ±5% 之内。

2）参考标准

（1）GB/T 16664—1996 企业供配电系统节能监测方法；

（2）GB/T 3485—1998 评价企业合理用电技术导则；

（3）GB/T 15316—2009 节能监测技术通则；

（4）GB/T 6422—2009 用能设备能量测试导则；

（5）GB/T 13234—2009 企业节能量计算方法；

（6）GB/T 156—2007 国家标准电压；

（7）DL 462—1992 高压并联电容器用串联电抗器订货技术条件；

（8）JT/T 939.5—2009 公路 LED 照明灯具 第 5 部分 照明控制器。

3）核算方法

（1）项目节电量的确定

①降低线损技术应用项目节电量的确定

降低线损技术是指在满足供电要求的基础上，根据负载量及供电半径，合理提高供电电压（国家标准电压），来降低电缆中的电流，从而使电缆中的线路损耗减少。根据降低线损技术应用项目实施后回路输出电流（单位：A）、回路电缆总电阻（单位：Ω）和降低线损技术节电率，可求得项目实施后线路功率损耗减少量（单位：W），并可进一步得到项目节电量（单位：kW·h），其计算公式如下：

$$\begin{aligned}&\text{项目实施后回路线路功率损耗减少量}\\&=\text{项目实施后该回路输出电流}^2\times\text{该回路电缆总电阻}\times\\&\quad\text{降低线损技术节电率}\end{aligned}\tag{6-1}$$

$$\begin{aligned}&\text{降低线损技术应用项目节电量}\\&=\sum_{i=1}^{n}(\text{项目实施后第}\,i\,\text{个回路线路功率损耗减少量}\times\\&\quad\text{该回路年运行时间})\times10^{-3}\end{aligned}\tag{6-2}$$

式中，n 为项目中供电回路的数量；降低线损技术节电率取值为30%。

注：1. 回路输出电流是指回路出线侧总电流。

2. 回路电缆总电阻通过回路出线侧电缆的实际长度（单位：km）和相应型号电缆每公里电阻数值（单位：Ω/km，取值见表6-1）求得，其计算公式如下：

$$\begin{aligned}&\text{回路电缆总电阻}\\&=\sum_{j=1}^{m}(\text{第}\,j\,\text{种电缆的长度}\times\text{该型号电缆每公里电阻})\end{aligned}\tag{6-3}$$

供电电缆每公里电阻数值　　表6-1

序号	供电电缆材质	芯数及线径	每公里电缆电阻（Ω/km）
1	铜芯	$2\times6mm^2$	5.7
2	铜芯	$2\times10mm^2$	3.4
3	铜芯	$2\times16mm^2$	2.1

续上表

序号	供电电缆材质	芯数及线径	每公里电缆电阻（Ω/km）
4	铝芯或铝合金芯	$2\times6mm^2$	9.3
5	铝芯或铝合金芯	$2\times10mm^2$	5.6
6	铝芯或铝合金芯	$2\times16mm^2$	3.5

注：根据《工业与民用配电设计手册》计算所得。

3. 供电系统如果有二次配电支线回路（即下端配电设备出线回路电缆长度≥200m时），也应计算支线回路的降低线损技术节电量。

②无功补偿技术应用项目节电量的确定

无功补偿技术是指在设置了无功补偿设备的供电回路，通过提高系统功率因数，降低系统的无功功率，从而降低系统的用电量。根据回路负载总耗电量（单位：kW·h）和无功功率节电率，可求得无功补偿技术应用项目节电量（单位：kW·h），其计算公式如下：

$$项目节电量=总耗电量\times无功功率节电率 \tag{6-4}$$

式中，无功功率节电率取值为2%。

注：1. 总耗电量（单位：kW·h）是项目实施后1年（12个月）装置安装地点之后的所有设备实际耗电量之和，可按下式计算求得：

$$月均耗电量=\sum_{k=1}^{p}(第j个电表末次电表读数-该电表首次电表读数)/q \tag{6-5}$$

总耗电量＝月均耗电量×12（6-6）

式中，p为装置安装地点之后的电表数量；q为项目实施后实际运行月数，且$q\leqslant12$。

2. 对于计划实施的项目，总耗电量可用项目实施前1年装置安装地点之后的所有设备耗电量之和进行估算。

③照明调压技术应用项目节电量的确定

照明调压技术是指在道路（隧道）照明配置了照明灯具调压调光装置的位置，通过灯具调压调光实现满足照度的基础上降低用电量的节能措施。根据照明配电回路总功率（单位：kW）、照明调压技术节电率（单位：%）和调压工况下年运行时间(单位:h),可求得照明调压技术应用项目节电量，其计算公式如下：

$$\text{照明调压技术应用项目节电量} = \sum_{i=1}^{n}(\text{照明配电回路总功率} \times \text{照明调压技术节电率} \times \text{调压工况下年运行时间}) \quad (6\text{-}7)$$

式中，n 为该项目照明配电回路数；照明配电回路总功率为该回路中安装的全部灯具功率之和；照明调压技术节电率的计算公式为：

$$\text{照明调压技术节电率} = 1 - (\text{降压后电压} \div \text{标称电压})^2 \quad (6\text{-}8)$$

注：对于计划实施项目，照明配电回路总功率可根据设计文件确定。

④经济运行技术应用项目节电量的确定

经济运行技术主要针对已采用（或需采用）10kV 高压三相输电回路的远距离全程监控和全程照明项目，通过采用合理的供电电压及单相供电等技术,解决因三相远距离高压输电存在线电容的问题,不需额外配置电抗器,从而减少的电能损耗。因此，根据不采用经济运行技术时所配置的电抗器的额定容量（单位：kvar）、损耗系数（单位：kW/kvar）和年运行时间（单位：h），即可求得项目的节电量（单位：kW · h），其计算公式如下：

$$\text{经济运行技术应用项目节电量} = \sum_{j=1}^{m}(\text{第} j \text{个电抗器额定容量} \times \text{该电抗器损耗系数} \times \text{该电抗器年运行时间}) \quad (6\text{-}9)$$

式中，m 为该项目电抗器数量。

注：1. 对于计划实施的项目，若已有 10kV 设计方案，按该设计文件

中电抗器的容量进行取值；若无 10kV 设计方案，则按 20kvar/10km 的定值估算电抗器额定容量。

2. 电抗器损耗系数见表 6-2。

电抗器损耗系数参照表　　表 6-2

电抗器额定容量（kvar）	电抗器损耗系数（kW/kvar）	
	油浸铁芯电抗器	干式空心电抗器
100 及以下	0.015	0.030
101~300	0.012	0.024
301~500	0.010	0.020
501~1000	0.008	0.016
1000 以上	0.006	0.012

注：根据 DL 462—1992 整理。

（2）项目节能量的确定

将项目节电量折算为标准煤，即得到项目节能量（单位：tce），其计算公式如下：

项目节电量

= 降低线损技术应用项目节电量 + 照明调压技术应用项目节电量 + 经济运行技术应用项目节电量　　（6-10）

项目节能量

= 项目节电量 × 电能折算标准煤系数 $\times 10^{-3}$　　（6-11）

注：电能折算标准煤的系数取值为 0.330kgce/（kW·h）（按中国电力企业联合会公布的 2011 年 6000kW 及以上电厂供电煤耗取值）。

4）证明材料

项目单位应提交以下证明材料：

a. 项目立项相关的证明材料。其中包括：项目立项批复文件复印件，办公会决议复印件，会议纪要复印件等。

b. 项目节能量核算相关的支撑材料。其中包括：项目改造前的供电系统设计方案、图纸及工程量等（新建项目可不提供），供配电节能技术应用项目设计方案、图纸及工程量等，供配电节能技术应用项目节电量计算表（表 6–3~ 表 6–6）。

c. 与项目设备购置相关的证明材料。其中包括：供配电节能技术应用项目相关设备汇总表（表 6–7）、供电设施采购合同和购置发票复印件等。

d. 项目完成时间相关的证明材料。其中包括项目交工验收文件等。

降低线损技术应用项目节电量计算表　　表 6–3

填表单位（公章）：　　　　填表日期：　　年　月　日

序号	回路电缆长度（km）	供电电缆型号	回路电缆总电阻（Ω）	回路输出电流（A）	回路年运行时间（h）	备注
1						
2						
…						

单位负责人：　　审核人：　　填表人：　　联系电话：

注：1. 回路电缆长度：根据设计文件填写。

2. 供电电缆型号：根据设计文件填写。

3. 回路电缆总电阻：根据表 6–1 中对应项乘以电缆长度后的数值填写。

4. 回路输出电流：根据电力监控系统对该回路输出端测量的电流结果填写，对于计划实施项目，可根据设计文件填写。

5. 回路年运行时间：根据电力监控系统中统计的回路年运行时间填写。

6. 供电系统如果有二次配电支线回路，请在备注中写明其电缆长度和型号。

无功补偿技术应用项目设备耗电量统计表　　表 6-4

填表单位（公章）：　　填表日期：　　年　月　日

序号	电表编号	记录日期	电表读数（kW·h）	备注
1				
2				
…				

单位负责人：　　审核人：　　填表人：　　联系电话：

注：1. 项目实施后应记录实际运行期（最长不超过一年）的电表读数，对于计划实施的项目，按实施前耗电量进行估算时，应记录满一年的电表读数。

2. 记录日期应为每月的同一日期，如“2015.01.01”。

3. 电表读数：应为记录日期当天电表的实际读数。

4. 统计数据须出自申请单位的相关统计台账。

照明调压技术应用项目节电量计算表　　表 6-5

填表单位（公章）：　　填表日期：　　年　月　日

序号	回路起止桩号或回路编号	照明配电回路总功率（kW）	降压后电压（V）	标称电压（V）	调压工况下年运行时间（h）
1					
2					
…					

单位负责人：　　审核人：　　填表人：　　联系电话：

注：1. 回路起止桩号或回路编号：根据供电回路实际起止桩号填写或按隧道回路编号填写。

2. 降压后电压：根据电力监控系统中统计的供电电压填写。

3. 标称电压：指开路输出电压，即不接任何负载，没有电流输出的电压值。

4. 调压工况下年运行时间：根据电力监控系统中统计的年运行时间填写。

经济运行技术应用项目节电量计算表

表 6–6

填表单位（公章）：　　　　　　　　　　　　填表日期：　　　年　月　日

序号	电抗器所在站点桩号	电抗器型号	电抗器额定容量（kvar）	电抗器损耗系数（kW/kvar）	电抗器年运行时间（h）
1					
2					
…					

单位负责人：　　　　审核人：　　　　填表人：　　　　联系电话：

注：1. 电抗器所在站点桩号：根据电抗器所在的配电站桩号填写。

2. 电抗器型号：根据电抗器铭牌上填写。

3. 电抗器额定容量：根据设备说明书或铭牌上填写。

4. 电抗器损耗系数：根据设备说明书或铭牌上填写。

5. 电抗器年运行时间：根据电力监控系统中统计的年运行时间填写。

项目相关设备汇总表

表 6–7

填表单位（公章）：　　　　　　　　　　　　填表日期：　　　年　月　日

序号	设备名称	型号	单位	数量	设备单价（万元）	设备总价（万元）	购置日期	对应合同编码	对应发票号码	对应发票金额（万元）	备注
1											
2											
…											
合计	—	—	—	—	—		—	—	—	—	—

单位负责人：　　　　审核人：　　　　填表人：　　　　联系电话：

注：1. 设备名称、型号和设备单价均应按采购合同或发票中的货物名称或产品名称等相关信息进行填写。

2. 设备总价：指该类设备的总的购置费用，其计算公式为：设备总价 = 设备单价 × 数量。

3. 对应合同编码：指购买项目所用设备时签订的，包含该种设备的采购合同的合同编码。

4. 对应发票号码：指包含该种设备购置费用在内的发票的发票号码。

5. 对应发票金额：指包含该种设备购置费用在内的发票的票面总金额。

7. 天然气在公路施工机械中的应用项目节能减排量核算技术细则

1）适用范围

本细则适用于以天然气为燃料的公路施工机械替代燃料量的核算。

本细则所指公路施工机械包括土石方机械、压实机械、路面机械、桥涵机械、混凝土拌和机械、起重运输机械、养护机械、动力与隧道机械等。

2）参考标准

GB/T 2589—2008 综合能耗计算通则。

3）核算方法

（1）项目核算期某一类施工机械总气耗量的确定

依据项目中某一类使用天然气为燃料的施工机械数量（单位：台）和在项目施工期每月气耗量（单位：m^3），计算确定核算期某类施工机械的总气耗量（单位：m^3），其计算公示如下：

$$\text{某类施工机械总气耗量}=\sum_{i=1}^{n}\sum_{j=1}^{m}\text{第}\,i\,\text{台机械设备第}\,j\,\text{月气耗量} \quad (7\text{-}1)$$

式中，n 为某类施工机械的总数量（单位：台）；m 为项目核算期（单位：月）。

注：1. 本细则中的“天然气”均指 1 个大气压下，20℃时的天然气；1kg 液化天然气（LNG）按气化为 1.4m^3 天然气计算。

2. 项目核算期为建设实际工期，但对于沥青拌和设备，若用于集中搅拌，项目核算期取 1 年（12 个月）。

（2）项目总气耗量的确定

依据项目中使用天然气为燃料的施工机械种类，核算出项目的总气耗量，其计算公示如下：

项目总气耗量（单位：m^3）= Σ各类施工机械气耗量　　（7-2）

（3）替代能源当量比的确定

替代能源当量比，指在相同作业环境条件下，使用天然气的施工机械与采用其他燃料的施工机械能耗量之比，建议按固定当量比（取值 $1.2m^3/kg$）进行核算，即 $1.2m^3$ 天然气相当于 1kg 柴油（按燃料热当量取值）。

（4）项目替代燃料量的确定

①替代柴油量的确定

将总气耗除以当量比，即可计算出替代柴油量（单位：kg），其计算公式如下：

项目替代柴油量 = 总气耗量 / 当量比　　（7-3）

②替代燃料量的确定

将项目的替代柴油量折算为替代燃料量（单位：toe），其计算公式如下：

项目替代燃料量 = 项目替代柴油量 × 柴油折标油系数 × 10^{-3}　　（7-4）

注：柴油折算标准油系数取值为 1.02kgoe/kg（根据 GB/T 2589—2008 计算所得），各种能源折算系数详见表 7-1。

各种能源折标准煤参考系数　　表 7-1

能源名称	折标准煤系数	能源名称	折标准煤系数
燃料油、渣油	1.4286kgce/kg	油田天然气	$1.3300kgce/m^3$
柴油	1.4571kgce/kg	气田天然气	$1.2143kgce/m^3$
液化石油气	1.7143kgce/kg		

注：根据 GB/T 2589—2008 计算整理。

4）证明材料

项目申请单位应提交以下证明材料：

a. 项目立项相关的证明材料。其中包括：项目立项批复文件，办公会决议，会议纪要等。

b. 项目替代燃料量核算相关的支撑材料。其中包括：采用天然气为燃料的施工机械月度气耗量清单（表 7–2）、购气发票等。

采用天然气为燃料的施工机械月度气耗量清单 表 7–2

填表单位（公章）： 填表日期： 年 月 日

序号	工程项目名称	施工机械名称	设备编号 / 序列号	设备功率	统计年月	当月实际作业量	当月总气耗量（m^3）	单位作业量气耗量	备注
1									
2									
…									
合计	—			—		—			—

单位负责人： 审核人： 填表人： 联系电话：

注：1. 工程项目名称：所施工的具体路段名称。

2. 设备编号 / 序列号：根据施工机械设备实际情况填报，所填写的编号或序列号应该为该机械设备的唯一标识，也可填报施工机械牌照或发动机编号等。

3. 当月实际作业量是指某施工机械对应当月完成的总工作量，不同的施工机械设备作业量统计单位不一，可采用吨、立方米、平方米等单位进行统计。

4. 当月总气耗量：指统计月份内该施工机械实际消耗的天然气量。

5. 单位作业量气耗量：当月总气耗量除以当月实际作业量。

6. 该统计表中的作业量和气耗量数据须与工程实际进度一致，气耗量数据应出自申请单位的相关统计台账。

c. 使用天然气为燃料的施工机械购置（或改装）相关的证明材料。其中包括：采用天然气为燃料的施工机械购置（或改装）清单（表 7–3）、购置（或改装）合同和发票等、经监理确认的施工机械进出场记录。

d. 项目完成时间相关的证明材料。其中包括：项目交工验收文件等。

采用天然气为燃料的施工机械购置（或改装）清单　　表 7–3

填表单位（公章）：　　　　　　　　　　　　填表日期：　　年　月　日

序号	施工机械名称	设备编号 / 序列号	购置（或改装）时间	发票号码	对应合同编码	施工机械进场时间	施工机械退场时间	燃料类型
1								
2								
…								

单位负责人：　　　　审核人：　　　　填表人：　　　　联系电话：

注：1. 施工机械名称：应属于本细则中的施工机械类型。

2. 购置时间：应填写购置（或改装）施工机械发票中的“开票时间”，填写格式如“2015.01”。

3. 发票号码：指购置（或改装）施工机械发票的发票号码。

4. 对应合同编码：指购买或改装天然气施工机械时所签订的，包含该施工机械在内的购置（或改装）合同的合同编码。

5. 施工机械进 / 退场时间：指该施工机械投入或退出该项目的时间，填写格式如“2015.01”。

6. 燃料类型：填写“LNG”或“压缩天然气（CNG）”。

8. 沥青拌和设备节能技术应用项目节能减排量核算技术细则

1）适用范围

本细则适用于对固定式及非固定式沥青拌和设备的冷料供给系统、烘干加热系统、热料提升系统、料粉供给系统、成品料提升及储存系统、除尘系统、沥青导热油供给系统、燃料油供给系统、压缩气体供给系统、通风系统、拌和系统等进行节能改造（燃料类型未发生变化）所产生的节能量的核算。

2）参考标准

（1）GB/T 2589—2008 综合能耗计算通则；

（2）GB/T 17808—2010 道路施工与养护机械设备 沥青混合料搅拌设备。

3）核算方法

（1）单位拌和量节能量的计算

①项目实施前单位拌和量能耗量的确定

根据沥青拌和站实施改造前的沥青混合料拌和量（单位：t）和其对应的能耗量（单位：kgce），确定项目实施前拌和站的沥青混合料单位拌和量能耗量（单位：kgce/t），其计算公式如下：

$$\text{项目实施前沥青混合料拌和年度能耗量} = \sum_{i=1}^{n}\text{第 } i \text{ 月沥青拌和能耗量}/n \times 12 \tag{8-1}$$

$$\text{项目实施前沥青混合料年度拌和量} = \sum_{i=1}^{n}\text{第 } i \text{ 月沥青混合料拌和量}/n \times 12 \tag{8-2}$$

$$\text{项目实施前沥青混合料单位拌和量能耗量} = \text{项目实施前沥青拌和年度能耗量}/\text{项目实施前沥青混合料年度拌和量} \tag{8-3}$$

注：1.项目能耗量是指沥青拌和站运行过程中消耗的所有燃料（包括燃料油、柴油、天然气、电力、原煤、洗精煤等）折算为标准煤之和（各种燃料折算标准煤系数参考表 8-1）。

2.若项目实施前沥青混合料单位拌和量能耗量实际值高于《道路施工与养护机械设备 沥青混合料搅拌设备》（GB/T 17808—2010）规定值（其中强制间歇式为 10.20kgce/t、滚筒连续式为 9.47kgce/t），则项目实施前沥青混合料单位拌和量能耗量按设备类型强制间歇式、滚筒连续式分别取值 10.20kgce/t、9.47kgce/t。

②项目实施后单位拌和量能耗量的确定

根据沥青拌和站实施节能改造后的沥青混合料拌和量（单位：t）和其对应的能耗量（单位：kgce），确定项目核算期（12 个月）拌和站的沥青混合料单位拌和量能耗量（单位：kgce/t），其计算公式如下：

$$\text{项目实施后沥青混合料拌和年度能耗量} = \sum_{i=1}^{n}\text{第 } i \text{ 月沥青拌和能耗量} / n \times 12 \tag{8-4}$$

$$\text{项目实施后沥青混合料年度拌和量} = \sum_{i=1}^{n}\text{第 } i \text{ 月沥青混合料拌和量} / n \times 12 \tag{8-5}$$

$$\text{项目实施后沥青混合料单位拌和量能耗量} = \text{项目实施后沥青混合料拌和年度能耗量} / \text{项目实施后沥青混合料年度拌和量} \tag{8-6}$$

注：1. 实施改造后运行满 1 个月，若首月实际运行天数不足 30d，月均能耗量计算时可剔除首月数据；运行不足 1 个月的，月均能耗量可按照首个运行日至审核日的日均能耗量乘以 30d 计算，其中日均能耗量 = 能耗量 / 对应运行天数（其中对应运行天数为首个运行日至审核日时段，含非工作状态）。如果实施改造后运行满 1 年，则可按以下计算项目实施后年度拌和量以及年度能耗量：

$$\text{项目实施后沥青混合料年度拌和量} = \sum_{i=1}^{12}\text{第 } i \text{ 月拌和量} \tag{8-7}$$

$$\text{项目实施后沥青混合料拌和年度能耗量} = \sum_{i=1}^{12}\text{第 } i \text{ 月能耗量} \tag{8-8}$$

2. 项目能耗量是指沥青拌和站运行过程中消耗的所有燃料（包括燃料油、柴油、天然气、电力、原煤、洗精煤等）折算为标准煤之和（各种燃料折算标准煤系数参考表 8-1）。

各种能源折标准煤参考系数 表 8-1

能源名称	折标准煤系数	能源名称	折标准煤系数
燃料油	1.4286kgce/kg	电力（等价值）	0.3300kgce/（kW·h）
柴油	1.4571kgce/kg	原煤	0.7143kgce/kg
天然气	1.3300kgce/m^3	洗精煤	0.9000kgce/kg
液化石油气	1.7143kgce/kg		

注：1. 电力折算标准煤的系数取值为 0.3300kgce/（kW·h）（按中国电力企业联合会公布的 2011 年 6000kW 及以上电厂供电煤耗取值）。

2. 煤炭或煤粉折算标准煤可按具有相关资质的第三方机构出具的煤炭低位发热量检测报告中所给数据进行计算。如无法提供权威检测报告，建议按照原煤或洗精煤进行取值，其中，煤粉折标煤系数按洗精煤进行取值。

3. 本表根据 GB/T2589—2008 计算整理，表中未列出的其他能源折算标准煤系数请按国家标准《综合能耗计算通则》（GB/T 2589—2008）进行取值。

③单位拌和量节能量的确定

项目实施后沥青混合料单位拌和量的节能量（单位：kgce），为项目实施前该类型沥青混合料单位拌和量的能耗量与项目实施后单位拌和量的能耗量之差，其计算公式如下：

沥青混合料单位拌和量的节能量

= 项目实施前沥青混合料单位拌和量能耗量 -

项目实施后沥青混合料单位拌和量的能耗量 （8-9）

注：沥青混合料单位拌和量的节能量应依据项目实施前后能耗统计数据进行核算。对于计划实施的项目，项目节能量建议按照同类节能技术改造项目进行取值，且不超过项目实施前沥青混合料单位拌和量能耗量的 30%。

（2）项目实施后沥青混合料拌和量的确定

项目实施后，根据沥青混合料单位拌和量节能量和实施后核算期内沥青

混合料拌和量即可求出该项目核算期内节能量(单位: tce),其计算公式如下:

$$项目实施后沥青混合料拌和量 = \sum_{i=1}^{n} 第\ i\ 月沥青混合料拌和量 \tag{8-10}$$

式中，n 为项目核算期（单位：月）。

注：1.若沥青拌和设备用于集中搅拌，项目核算期为1年（12个月）；若沥青拌和设备专门为某一项目提供现场搅拌，项目核算期为该设备改造完成后的建设实际工期。

2.若项目未实施完，用于集中搅拌的设备可按照月均沥青混合料拌和量估算项目实施后沥青混合料拌和量；用于现场搅拌的设备，可按照工程所需沥青混合料总量进行估算。

（3）项目节能量的确定

项目实施后，根据沥青混合料单位拌和量节能量和实施后核算期内沥青混合料拌和量即可求出该项目核算期内节能量（单位：tce），其计算公式如下：

$$\begin{aligned} &项目节能量 \\ &= 沥青混合料单位拌和量的节能量 \times \\ &\quad 项目实施后沥青混合料拌和量 \times 10^{-3} \end{aligned} \tag{8-11}$$

4）证明材料

项目申请单位应提交以下证明材料：

a.项目立项相关的证明材料。其中包括：项目立项批复文件，办公会决议，会议纪要文件等。

b.项目节能量核算的相关支撑材料。其中包括：工艺优化前月度能耗统计（表8-2）、工艺优化完成后核算期内的月度能耗统计（表8-3）、工艺优化前后的核算期燃料发票、拌和站工作日志等。

c.项目设备改造相关的证明材料。其中包括：拌和站改造设计文件、设备改造合同和新增设备购置发票等。

d. 项目完成时间相关的证明材料。其中包括：项目交工验收文件等。

工艺优化前月度能耗统计　　表 8-2

填表单位（公章）：　　填表日期：　　年　月　日

序号	编号	拌和设备型号	统计年月	沥青混合料拌和量（t）	燃料油消耗量（kg）	柴油消耗量（kg）	天然气消耗量(m^3)	电力消耗量（kW · h）	其他燃料消耗量	备注
1										
2										
…										
合计										

单位负责人：　　审核人：　　填表人：　　联系电话：

注：1. 编号：指拌和设备在拌和站中的编号。

2. 拌和设备型号：按照采购合同或发票中的货物名称或产品名称等相关信息填写。

3. 沥青混合料拌和量：指工艺优化前统计月份内所完成的沥青混合料拌和量。

4. 其他燃料消耗量：指工艺中涉及燃料油、柴油、天然气、电力之外的其他类型燃料消耗量，同时在备注中填写该类型燃料名称和统计单位。

5. 如拌和设备改造前运行已满一年，应填报改造前最近一年数据。如拌和设备改造前运行未满一年，则应填报改造前所有整月数据。

6. 该表中相关数据须出自申请单位的相关统计台账。

工艺优化后月度能耗统计　　表 8-3

填表单位（公章）：　　填表日期：　　年　月　日

序号	编号	拌和设备型号	统计年月	拌和量（t）	燃料油消耗量（kg）	柴油消耗量（kg）	天然气消耗量(m^3)	电力消耗量（kW · h）	其他燃料消耗量	备注
1										
2										

续上表

序号	编号	拌和设备型号	统计年月	拌和量（t）	燃料油消耗量（kg）	柴油消耗量（kg）	天然气消耗量（m^3）	电力消耗量（kW·h）	其他燃料消耗量	备注
…										
合计										

单位负责人：　　　　审核人：　　　　填表人：　　　　联系电话：

注：1. 编号：指拌和设备在拌和站中的编号，与表 8–2 所填信息保持一致。

2. 拌和设备型号：按照采购合同或发票中的货物名称或产品名称等相关信息填写，与表 8–2 所填信息保持一致。

3. 沥青混合料拌和量：指工艺优化后统计月份内所完成的沥青混合料拌和量。

4. 其他燃料消耗量：指工艺中涉及燃料油、柴油、天然气、电力之外的其他类型燃料消耗量，同时在备注中填写该类型燃料名称和统计单位。

5. 该表中相关数据须出自申请单位的相关统计台账。

9. 公路自发光交通标识项目节能减排量核算技术细则

1）适用范围

本细则适用于在公路及隧道上安装的自发光交通标识项目节能减排量的核算。

本细则所指自发光交通标识可安装在公路临水临涯等危险路段、需进行诱导的农村公路及桥梁、涵洞、隧道路段上，起到警示、标明轮廓及诱导作用。

2）参考标准

GB/T 2589—2008 综合能耗计算通则。

3）核算方法

（1）日均节电量的确定

公路自发光交通标识（以下简称标识）应用后不再需要使用电能，因此，日均节电量（单位：W·h）应按等效照明安装功率（单位：W）、日均照明时长（单位：h）和标识总数（单位：个）进行核算，其计算公式如下：

$$\text{日均节电量} = \text{单个标识等效照明功率} \times \text{日均照明时长} \times \text{标识总数} \quad (9\text{-}1)$$

式中，单个标识等效照明功率取值为5W；日均照明时长取值为10h；标识总数来源于设计文件。

（2）核算期内节电量的确定

根据日均节电量，即可求得核算期（365d）内公路自发光交通标识应用项目的节电量（单位：kW·h），其计算公式如下：

$$\text{项目节电量} = \text{日均节电量} \times 365 \times 10^{-3} \quad (9\text{-}2)$$

（3）项目节能量的确定

将年度节电量按照电力等价值折算为标准煤，即得到项目节能量（单位：tce），其计算公式如下：

$$\text{项目节能量} = \text{年度节电量} \times \text{电能折算标准煤的系数} \times 10^{-3} \quad (9\text{-}3)$$

注：电能折算标准煤的系数取值为0.330kgce/（kW·h）（按中国电力企业联合会公布的2011年6000kW及以上电厂供电煤耗取值）。

4）证明材料

项目申请单位应提交以下证明材料：

a.项目立项相关的证明材料。其中包括项目立项批复文件复印件。

b.项目节能量核算相关的支撑材料。其中包括：项目设计方案及设计图纸、公路自发光交通标识设置情况汇总（表 9–1）等。

公路自发光交通标识设置情况汇总　　表 9–1

填表单位（公章）：　　　　填表日期：　　年　月　日

序号	安装地点	路段长度（km）	标识类型	标识数量（个）	备注
1					
2					
合计					—

单位负责人：　　审核人：　　填表人：　　联系电话：

注：1. 安装地点：指标识安装的具体位置，如 ×× 公路、×× 隧道，同一安装地点，不同的标识类型应分别统计。

2. 路段长度：标识安装的具体路段长度。

3. 标识类型：按采购合同或购置发票进行填写。

4. 标识数量：指该路段内安装的单个同类型标识的数量。

5. 备注：若有其他附加装置或需要说明的问题，填写在“备注”栏中。

c. 项目设备购置相关的证明材料。其中包括：公路自发光交通标识相关设备汇总（表 9–2）、公路自发光交通标识购置合同和发票复印件等。

公路自发光交通标识相关设备汇总　　表 9–2

填表单位（公章）：　　　　填表日期：　　年　月　日

序号	设备名称	型号	单位	数量	设备单价（元）	设备总价（元）	对应合同编码	对应发票号码	对应发票金额（元）	备注
1										
2										
…										

单位负责人：　　审核人：　　填表人：　　联系电话：

注：1. 设备名称、型号和设备单价均应按采购合同或发票中的货物名称或产品名称等相关信息进行填写。

2. 总价：指该种设备的总的购置费用，其计算公式为：总价 = 单价 × 数量。

3. 对应合同编码：指购买项目所用设备时签订的，包含该种设备的采购合同的合同编码。

4. 对应发票号码：指包含该种设备购置费用在内的发票的发票号码。

5. 对应发票金额：指包含该种设备购置费用在内的发票的票面总金额。

d. 项目完成时间相关的证明材料。其中包括：项目竣工验收文件等。

第二节　港航基础设施建设与运营

10. 靠港船舶使用岸电技术应用项目投资额核算技术细则

1）适用范围

本细则适用于港口岸电设备、船舶受电设备购置费或岸电电力增容费的核算工作。核算边界为岸电系统进线侧至船舶电网出线侧，不包括岸电系统上级变电所出线侧至岸电系统进线侧设备。

2）参考标准

（1）JTS 155—2012 码头船舶岸电设施建设技术规范；

（2）JT/T 814—2012 港口船舶岸基供电系统技术条件。

3）核算方法

（1）节能减排相关设备购置及电力增容清单的确定

依据“靠港船舶使用岸电项目所需主要设备一览表”（表 10–1、表 10–2），以及相关设备的采购合同和设备购置发票，填写“项目设备购置清单（设备一览表中设备）”（表 10–3）。对于表 10–1、表 10–2 中不包含的设备，经实地核查或专家研讨确认可纳入项目范围的，则纳入项目范围，但须填写“项目设备购置清单（设备一览表中未包含设备）”（表 10–4），并说明理由。依据项目电力增容情况，填写“项目电力增容清单”（表 10–5）。

靠港船舶使用岸电项目所需主要设备一览表　　表 10–1

（高压 / 低压变频上船方案）

分类	岸电系统	系统组成	主要设备	
			高压变频	低压变频
高压 / 低压变频上船	岸边系统	移动 / 固定式变电站	无功补偿谐波抑制设备	无功补偿谐波抑制设备
			电能计量设备	电能计量设备
			变压器 / 隔离变压器	变压器 / 隔离变压器
			高压配电柜	配电柜
			继电保护设备	继电保护设备
			接地设备	接地设备
		变频装置	高压变频电源	变频电源
			变压器柜	变压器柜
			高压变频电源功率柜	变频电源功率柜
			高压正弦波滤波器	正弦波滤波器
		移动 / 固定式配电房	配电柜	配电柜
			照明设备	照明设备
			通风 / 散热设备	通风 / 散热设备
			视频设备	视频设备
			网络设备	网络设备
			继电保护设备	继电保护设备
			接地装置	接地设备
		接电箱	高压接线箱箱体	接线箱箱体
			高压快接插件	快接插件
			电气联锁	电气联锁
		电力线缆及辅材	电缆	电缆
			电力设备辅材	电力设备辅材

续上表

分类	岸电系统	系统组成	主要设备	
			高压变频	低压变频
高压/低压变频上船	岸边系统	监控系统	监控计算机	监控计算机
			监控系统软件	监控系统软件
			网络交换机	网络交换机
			光电转换器	光电转换器
			光缆	光缆
			能耗管理软件	能耗管理软件
			服务器等	服务器等
	船岸系统	连接系统	电缆卷车	电缆卷车
			电缆控制箱	电缆控制箱
			电缆等电力设备辅材	电缆等电力设备辅材
	船舶系统	船载变电站	变压器柜	
			变压器	
			高压柜	
			低压柜	
			监控系统	
		船舶配电房	配电柜	低压柜
			监控系统	监控系统
			配电房	配电房
			通风/散热设备	通风/散热设备
			照明	照明
			电缆等电力设备辅材	电缆等电力设备辅材

靠港船舶使用岸电项目所需主要设备一览表　　表 10-2

（高压 / 低压上船方案）

分类	岸电系统	系统组成	主要设备	
			高压	低压
高压 / 低压上船	岸边系统	变电站	无功补偿谐波抑制设备	无功补偿谐波抑制设备
			电能计量设备	电能计量设备
			变压器 / 隔离变压器	变压器 / 隔离变压器
			高压配电柜	配电柜
			继电保护设备	继电保护设备
			接地设备	接地设备
		配电房	配电柜	配电柜
			照明设备	照明设备
			通风 / 散热设备	通风 / 散热设备
			视频设备	视频设备
			网络设备	网络设备
			继电保护设备	继电保护设备
			接地设备	接地设备
		接电箱	高压接线箱箱体	接线箱箱体
			高压快接插件	快接插件
			电气联锁	电气联锁
		电力线缆及辅材	电缆	电缆
			电力设备辅材	电力设备辅材

续上表

分类	岸电系统	系统组成	主要设备	
			高压	低压
高压/低压上船	岸边系统	监控系统	监控计算机	监控计算机
			监控系统软件	监控系统软件
			网络交换机	网络交换机
			光电转换器	光电转换器
			光缆	光缆
			能耗管理软件	能耗管理软件
			服务器等	服务器等
	船岸系统	连接系统	电缆卷车	电缆卷车
			电缆控制箱	电缆控制箱
	船舶系统	船载变电站	变压器柜	
			变压器	
			高压柜	
			低压柜	
			监控系统	
			通风/散热设备	
		船舶配电房	配电柜	低压柜
			监控系统	监控系统
			配电房	配电房
			通风/散热设备	通风/散热设备
			照明	照明
			电缆等电力设备辅材	电缆等电力设备辅材

项目设备购置清单（设备一览表中包含的设备）　　表 10–3

填表单位（公章）：　　　　填表日期：　　年　月　日

序号	设备名称	型号	单位	数量	设备单价（万元）	设备总价（万元）	购置日期	对应合同编码	对应发票号码	对应发票金额（万元）	备注
1											
2											
…											
合计	—										

单位负责人：　　审核人：　　填表人：　　联系电话：

注：1. 该表中所列设备应与表 10–1、表 10–2 中“主要设备”相对应。

2. 设备名称、型号和设备单价均应按采购合同或发票中的货物名称或产品名称等相关信息进行填写。

3. 设备总价：指该类设备的总的购置费用，其计算公式为：设备总价 = 设备单价 × 数量。

4. 对应合同编码：指购买项目所用设备时签订的，包含该种设备的采购合同的合同编码。

5. 对应发票号码：指包含该种设备购置费用在内的发票号码。

6. 对应发票金额：指包含该种设备购置费用在内的发票的票面总金额。

项目设备购置清单（设备一览表中未包含的设备）　　表 10–4

填表单位（公章）：　　　　填表日期：　　年　月　日

序号	设备名称	型号	单位	数量	设备单价（万元）	设备总价（万元）	购置日期	对应合同编码	对应发票号码	对应发票金额（万元）	备注
1											
2											
…											
合计	—										

单位负责人：　　审核人：　　填表人：　　联系电话：

注：1. 该表主要填写无法与表 10–3 中“主要设备”相对应的设备。

2. 该表中所列设备均须逐项说明其在系统中的功能，相关说明另附。

3. 其他注释见表 10–3。

项目电力增容清单 表 10–5

填表单位（公章）： 填表日期： 年 月 日

序号	岸电系统容量（kV·A）	增容泊位	增容容量（kV·A）	增容单价［元/(kV·A)］	增容总价（元）	购置日期	对应合同编码	对应发票号码	对应发票金额（元）	备注
1										
2										
…										
合计										

单位负责人： 审核人： 填表人： 联系电话：

注：1. 电力增容单价均应按合同或发票中的名称等相关信息进行填写。

2. 电力增容总价：指岸电项目的电力增容总费用，其计算公式为：增容总价 = 增容单价 × 增容容量。

3. 对应合同编码：指与电力公司签订的项目电力增容的合同编码。

4. 对应发票号码：指项目电力增容费用的发票号码。

5. 对应发票金额：指项目电力增容费用的发票票面总金额。

6. 项目电力增容容量规定：岸电项目增容量不超过岸电系统容量的 1.5 倍。

（2）设备购置费的确定

本细则支持的岸电技术分为 4 种方案，如表 10–6 所示。

岸电方案系统电压及频率 表 10–6

序号	供电方式	输入侧		输出侧		是否变频
		电压（V）	频率（Hz）	电压（V）	频率（Hz）	
1	高压上船	6000 及以上	50	6000 及以上	60	是
2				6000 及以上	50	否
3	低压上船	400 及以上	50	450	60	是
4				400	50	否

根据表 10–1、表 10–2 对应的岸电技术方案项目设备购置清单，计算出相应的设备购置费（单位：万元），其计算公式如下：

某类设备总价（单位：万元）= 设备单价 × 数量　　（10–1）

设备购置费总额 = Σ各类设备总价　　（10–2）

（3）电力增容费的确定

根据表 10–5 对应的项目电力增容清单，计算出相应的电力增容总价（单位：万元），其计算公式如下：

增容总价（单位：万元）= 增容单价 × 增容容量　　（10–3）

注：项目电力增容容量规定：所填报岸电项目增容量不超过岸电系统容量的 1.5 倍，即若电力增容量超过岸电系统容量 1.5 倍，则填报系统发票金额的全额的同时，只核定岸电容量最高 1.5 倍扩容量的购置资金。例如岸电系统容量是 1MV·A，电力增容为 2MV·A，则只取 1.5/2=0.75 作为核算的基础，即 0.75× 电力增容对应发票金额。

4）证明材料

项目申请单位应提交以下证明材料：

a. 项目立项相关的证明材料。其中包括：项目立项批复文件，办公会决议，会议纪要等。

b. 项目设计相关的证明材料。其中包括：工程可行性报告，初步设计文件，工程施工图纸、工程设计文件中设备购置总概算表等。

c. 项目设备购置相关的证明材料。其中包括：项目设备购置清单（表 10–3 或表 10–4），电力增容清单（表 10–5），设备购置合同、设备购置发票，电力增容合同、发票等。

d. 项目投资相关的证明材料。其中包括：专项决算审计报告、设备决算单等。

e. 项目完成时间相关的证明材料。其中包括：项目交工验收文件、交工验收图纸等。

11. 港口供电设施节能技术应用项目节能减排量核算技术细则

1）适用范围

本细则适用于港口供电设施节能改造项目节能量的核算工作，主要针对变压器更新或增容等节能改造、供电设施无功补偿和谐波治理节能改造类项目。

2）参考标准

（1）GB/T 16664—1996 企业供配电系统节能监测方法；

（2）GB/T 3485—1998 评价企业合理用电技术导则；

（3）GB/T 15316—2009 节能监测技术通则；

（4）GB/T 6422—2009 用能设备能量测试导则；

（5）GB/T 13234—2009 企业节能量计算方法。

3）核算方法

（1）项目节电量的确定

①变压器改造项目节电量的确定

对于变压器更新或增容等节能改造项目，根据变压器设备参数，确定项目实施前、实施后年损耗电量（单位：kW·h），即可求得核算期（1年）内变压器改造项目的节电量（单位：kW·h），其计算公式如下：

$$\text{项目实施后年度节电量} = \sum_{i=1}^{n}(\text{第 } i \text{ 台变压器项目实施前年损耗电量} - \text{该项目实施后年损耗电量}) \tag{11-1}$$

式中，n 为项目中变压器数量。

注：1.如果改造前后变压器容量发生变化，在计算项目实施前变压器年损耗电量时，按改造前变压器型号参数、改造后变压器容量取值。例如，将变压器 800kV·A（S9-800/10）改造为变压器 1000kV·A（S11-1000/10）时，计算项目实施前变压器年损耗电量按变压器（S9-1000/10）取值。

2.变压器年损耗电量＝负载年损耗＋空载年损耗，计算过程见表 11-1、表 11-2。

3.如果项目实施后运行期不满 12 个月，可按以下计算公式进行估算。

$$\text{变压器改造项目节电量} = \sum_{i=1}^{n}(\text{第} \, i \, \text{台变压器改造后实际节电量}/\text{实际运行月数} \times 12) \quad (11\text{-}2)$$

式中，n 为项目中变压器数量。

②无功补偿和谐波治理节能改造项目

供电设施进行无功补偿和谐波治理节能改造后，从装置安装地点至电源所有串接线路的损耗电量将会降低。根据项目实施后的无功功率节能率（单位：%）和谐波治理节电率（单位：%），可求得项目实施后的节电量（单位：kW·h），其计算公式如下：

$$\text{项目节电量} = \text{总耗电量} \times (\text{无功功率节能率} + \text{谐波治理节电率}) \quad (11\text{-}3)$$

式中，无功功率节电率，根据受电端至用电设备的变压级数，分别应一级取 1%，二级 1.5%，三级 2%；谐波治理节电率，取值 1%；未安装无功补偿时，无功功率节能率取值为 0；未安装谐波治理装置时，谐波治理节电率取值为 0。

注：1.总耗电量（单位：kW·h）是项目实施后 1 年（12 个月）装置安装地点之后的所有设备实际耗电量之和，可按下式计算求得：

$$月均耗电量 = \frac{\sum_{j=1}^{m}(第j个电表末次电表读数-该电表首次电表读数)}{p} \quad (11\text{-}4)$$

$$总耗电量=月均耗电量\times 12 \quad (11\text{-}5)$$

式中，m 为装置安装地点之后的电表数量；p 为项目实施后实际运行月数，且 $p\leqslant 12$。

对于计划实施的项目，可用项目实施前 1 年装置安装地点之后的所有设备耗电量之和进行估算。

2. 安装多个谐波治理装置的线路，项目节电量也按以上公式进行计算，其中，总耗电量应按照第一个谐波治理装置安装地点之后的所有设备耗电量之和进行取值。

（2）项目节能量的确定

将项目节电量折算为标准煤，即得到项目节能量（单位：tce），其计算公式如下：

$$项目的节能量=项目节电量\times 电能折算标准煤系数\times 10^{-3} \quad (11\text{-}6)$$

注：电能折算标准煤的系数取值为 0.330kgce/（kW·h）（按中国电力企业联合会公布的 2011 年 6000kW 及以上电厂供电煤耗取值）。

4）证明材料

应提交以下证明材料：

a. 项目立项相关的证明材料。其中包括：项目立项批复文件复印件，办公会决议复印件，会议纪要复印件。

b. 项目节能量核算相关的支撑材料。其中包括：项目改造前的供电系统图纸等、供电设施节能改造项目改造设计方案及设计图纸等、项目节能量计算相关统计表格（表 11-1、表 11-2 和表 11-3）。

c. 与项目设备购置相关的证明材料。其中包括：供电设施节能改造项目相关设备汇总表（表 11–4、表 11–5 和表 11–6）、供电设施购置合同和发票复印件。

d. 项目完成时间相关的证明材料。其中包括项目交工验收文件等。

变压器项目实施前变压器损耗计算表 表 11–1

填表单位（公章）： 填表日期： 年 月 日

序号	变压器型号	容量（kV·A）	负载损耗（kW）	年负载运行时间（h）	年负载损耗（kW·h）	空载损耗（kW）	年空载运行时间（h）	空载年损耗（kW·h）	损耗合计（kW·h）
1									
2									
…									

单位负责人： 审核人： 填表人： 联系电话：

注：1. 损耗：应按设备说明书或铭牌填写。

2. 年负载损耗 = 负载损耗 × 年负载运行时间；空载年损耗 = 空载损耗 × 年空载运行时间；损耗合计 = 年负载损耗 + 空载年损耗。

变压器项目实施后变压器损耗计算表 表 11–2

填表单位（公章）： 填表日期： 年 月 日

序号	变压器型号	容量（kV·A）	负载损耗（kW）	负载运行时间（h）	负载年损耗（kW·h）	空载损耗（kW）	空载运行时间（h）	空载年损耗（kW·h）	损耗合计（kW·h）
1									
2									
…									

单位负责人： 审核人： 填表人： 联系电话：

注：1. 损耗：应按设备说明书或铭牌填写。

2. 年负载损耗 = 负载损耗 × 年负载运行时间；空载年损耗 = 空载损耗 × 年空载运行时间；损耗合计 = 年负载损耗 + 空载年损耗。

无功补偿和谐波治理项目中设备耗电量统计表　　表 11-3

填表单位（公章）：　　填表日期：　　年　月　日

序 号	电 表 编 号	记 录 日 期	电 表 读 数（kW·h）	备注
1				
2				
…				

单位负责人：　　审核人：　　填表人：　　联系电话：

注：1. 项目实施后应记录实际运行期（最长不超过一年）的电表读数，对于计划实施的项目，按实施前耗电量进行估算时，应记录满一年的电表读数。

2. 记录日期应为每月的同一日期，如“2015.01.01”。

3. 电表读数：应为记录日期当天电表的实际读数。

4. 统计数据须出自申请单位的相关统计台账。

变压器改造节能技术应用项目信息表　　表 11-4

填表单位（公章）：　　填表日期：　　年　月　日

序号	安装地点	改造前变压器型号	改造后变压器型号	改造时间	改造费用（万元）	对应合同编码
1						
2						
…						
合计	—		—			

单位负责人：　　审核人：　　填表人：　　联系电话：

注：1. 安装地点：指变压器安装的具体位置，如 ×× 变电所等。

2. 改造时间：应填写改造交工时间，填写格式如 2015.01。

3. 改造费用：应填写变压器改造项目实际支出的金额。

无功补偿项目信息表

表 11-5

填表单位（公章）：　　　　　　　　　　填表日期：　　年　月　日

序号	安装地点	无功补偿装置型号及容量（kvar）	补偿前功率因数	补偿后功率因数	改造时间	购置费用（万元）	对应合同编码
1							
2							
…							

单位负责人：　　　　审核人：　　　　填表人：　　　　联系电话：

注：1. 安装地点：指无功补偿装置安装的具体位置。

2. 改造时间：应填写改造交工时间，填写格式如 2015.01。

3. 购置费用：应填写购置无功补偿装置实际支出的金额。

谐波治理项目信息表

表 11-6

填表单位（公章）：　　　　　　　　　　填表日期：　　年　月　日

序号	安装地点	谐波治理装置型号	改造时间	购置费用（万元）	对应合同编码
1					
2					
…					

单位负责人：　　　　审核人：　　　　填表人：　　　　联系电话：

注：1. 安装地点：指谐波治理装置安装的具体位置。

2. 改造时间：应填写改造交工时间，填写格式如 2015.01。

3. 购置费用：应填写购置谐波治理装置实际支出的金额。

12. 港口生产工艺优化应用项目节能减排量核算技术细则

1）适用范围

本细则适用于对港口现有生产工艺进行改造或优化项目所产生的节能量或替代燃料量的核算工作。

如果项目实施前后能源消耗种类未发生变化，则应核算项目所产生的节能量；如果项目实施前使用燃油，项目实施后改用电力或天然气，具有明显减排效果的，则应核算项目所产生的替代燃料量。

2）参考标准

（1）GB/T 2589—2008 综合能耗计算通则；

（2）JT/T 25—2009 港口企业能量平衡导则；

（3）JTS 150—2007 水运工程节能设计规范。

3）核算方法

（1）项目节能量的确定

①单位操作量节能量的确定

a. 项目实施前单位操作量能耗量的确定。根据项目实施前 1 年（12 个月）内，实施改造的生产工艺涉及的设备总能耗量（将各类能源品种折算成标准煤，单位：tce）和操作量（单位：万 TEU 或万 t），确定项目实施前工艺环节单位操作量能耗量（单位：tce/ 万 TEU 或 tce/ 万 t），其计算公式如下：

$$\text{项目实施前能耗量}=\sum_{i=1}^{12}\text{第 }i\text{ 月能耗量} \tag{12-1}$$

$$\text{项目实施前操作量}=\sum_{i=1}^{12}\text{第 }i\text{ 月操作量} \tag{12-2}$$

项目实施前单位操作量能耗量

= 项目实施前能耗量 / 项目实施前操作量 （12-3）

b. 项目实施后单位操作量能耗量的确定。根据项目实施后运行期（不超过 12 个月）内，实施改造的生产工艺涉及的设备年度总能耗量（单位：tce）和操作量（单位：万 TEU 或万 t），确定项目实施后工艺环节单位操作量能耗量（单位：tce/ 万 TEU 或 tce/ 万 t），其计算公式如下：

$$项目实施后能耗量 = \sum_{i=1}^{n} 第\ i\ 月总能耗量 \tag{12-4}$$

$$项目实施后操作量 = \sum_{i=1}^{n} 第\ i\ 月操作量 \tag{12-5}$$

$$项目实施后单位操作量能耗量 = 项目实施后能耗量 / 项目实施后操作量 \tag{12-6}$$

式中，n 为项目实施后实际运行月数，且 $n \leqslant 12$。

c. 单位操作量节能量的确定。

根据项目实施前后单位操作量能耗量，可求得项目实施后单位操作量节能量（单位：tce），其计算公式如下：

单位操作量节能量

= 项目实施前单位操作量能耗量-项目实施后单位操作量能耗量（12-7）

②项目实施后年度操作量的确定

根据月度能耗统计数据，确定项目实施后，核算期（12 个月）内完成操作量（单位：万 TEU、万 t），其计算公式如下：

$$项目实施后月均操作量 = \sum_{i=1}^{n} 第\ i\ 月操作量 / n \tag{12-8}$$

$$项目实施后年度操作量 = 项目实施后月均操作量 \times 12 \tag{12-9}$$

式中，n 为项目实际运行月数，且 $n \leqslant 12$。

注：如果项目运行期已满 1 年，可按以下计算公式计算项目实施后年度操作量。

$$项目实施后年度操作量 = \sum_{i=1}^{12} 第\ i\ 月操作量 \tag{12-10}$$

③项目节能量的确定

针对港口生产工艺优化应用项目，可计算出项目节能量（单位：tce），其计算公式如下：

项目节能量 = 单位操作量节能量 × 项目实施后年度操作量（12–11）

（2）项目替代燃料量的确定

①项目实施前单位操作量耗油量的确定

根据项目实施前 1 年（12 个月）内，实施改造的生产工艺涉及的设备年度耗油量（将燃油消耗折算成标准油，单位：toe）和操作量（单位：万 TEU 或万 t），确定项目实施前工艺环节单位操作量耗油量（单位：toe/万 TEU 或 toe/ 万 t），其计算公式如下：

$$项目实施前耗油量 = \sum_{i=1}^{n} 第\ i\ 月耗油量 \quad (12\text{–}12)$$

$$项目实施前操作量 = \sum_{i=1}^{n} 第\ i\ 月操作量 \quad (12\text{–}13)$$

项目实施前单位操作量耗油量 = 项目实施前耗油量 / 项目实施前操作量（12–14）

式中，n 为项目实施后实际运行月数，且 $n \leq 12$。

②替代燃料量的确定

根据上文可确定项目实施后年度操作量，乘以项目实施前单位操作量耗油量，即可得出项目的替代燃料量（单位：toe），其计算公式如下：

项目替代燃料量

= 项目实施前单位操作量耗油量 × 项目实施后年度操作量（12–15）

4）证明材料

项目申请单位应提交以下证明材料：

a. 项目立项相关的证明材料。其中包括：项目立项批复文件，办公会决议，会议纪要等。

b. 项目节能量核算相关的支撑材料。其中包括：工艺优化前 12 月的月度能耗统计（表 12–1）、工艺优化完成后核算期内的月度能耗统计（表 12–2）。

工艺优化前月度能耗统计　　表 12–1

填表单位（公章）：　　填表日期：　年　月　日

序号	设备名称	统计年月	能耗量（tce）	操作量（万 TEU 或万 t）	备注
1					
2					
…					
合计	—	—			

单位负责人：　审核人：　填表人：　联系电话：

注：1. 设备名称：工艺涉及的设备名称。

2. 能耗量：该统计月份内实际能耗量。

3. 操作量：指该统计月份内工艺优化前在装卸作业过程中所操作完成的操作量。

4. 该统计表中操作量和能耗数据须出自申请单位的相关统计台账。

工艺优化完成后月度能耗统计　　表 12–2

填表单位（公章）：　　填表日期：　年　月　日

序号	设备名称	统计年月	能耗量（tce）	操作量（万 TEU 或万 t）	备注
1					
2					
…					
合计	—	—			

单位负责人：　审核人：　填表人：　联系电话：

c. 项目设备购置相关的证明材料。其中包括：设备采购合同和设备购置发票等。

d. 项目完成时间相关的证明材料。其中包括：项目交工验收文件等。

13. 港口带式输送机节能技术应用项目节能减排量核算技术细则

1）适用范围

本细则适用于港口带式输送机进行节能改造所产生的节能量的核算工作。

2）参考标准

（1）GB/T 2589—2008 综合能耗计算通则；

（2）JT/T 25—2009 港口企业能量平衡导则；

（3）JT/T 326—2009 港口带式输送机能源利用效率检测方法。

3）核算方法

（1）单位输送量节电量的确定

①项目实施前单位输送量用电量的确定

依据项目实施前 1 年（12 个月）内的年度用电量（单位：kW · h）和年度输送量（单位：t），确定项目实施前单位输送量的用电量（单位：kW · h/t），其计算公式如下：

$$\text{项目实施前年度用电量} = \sum_{i=1}^{12} \text{第 } i \text{ 月用电量} \tag{13-1}$$

$$\text{项目实施前年度输送量} = \sum_{i=1}^{12} \text{第 } i \text{ 月输送量} \tag{13-2}$$

$$\begin{aligned}&\text{项目实施前单位输送量用电量}\\&= \text{项目实施前年度用电量} / \text{项目实施前年度输送量}\end{aligned} \tag{13-3}$$

②项目实施后单位输送量用电量的确定

根据项目实施后运行期（不超过 12 个月）内的实际用电量（单位：kW·h）和实际输送量（单位：t），确定项目实施后单位输送量用电量（单位：kW·h/t），其计算公式如下：

$$项目实施后实际用电量=\sum_{j=1}^{n}第\ j\ 月用电量 \tag{13-4}$$

$$项目实施后实际输送量=\sum_{j=1}^{n}第\ j\ 月输送量 \tag{13-5}$$

项目实施后单位输送量用电量

=项目实施后实际用电量 / 项目实施后实际输送量　（13-6）

式中，n 为项目实施后实际运行月数，且 $n \leqslant 12$。

③单位输送量节电量的确定

单位输送量的节电量（单位：kW·h/t）为项目实施前后单位输送量用电量之差，其计算公式如下：

单位输送量节电量

=项目实施前单位输送量用电量－项目实施后单位输送量用电量（13-7）

（2）项目节电量的确定

依据项目实施后单位输送量节电量和运行期（不超过 12 个月）内实际输送量，即可求得核算期内项目的节电量（单位：kW·h），其计算公式如下：

项目实施后年度输送量

=项目实施后实际输送量 $/n \times 12$　（13-8）

项目节电量=单位输送量节电量 × 项目实施后年度输送量　（13-9）

（3）项目节能量的确定

将项目节电量折算为标准煤，即得到项目节能量（单位：tce），其计算公式如下：

项目的节能量=项目节电量 × 电能折算标准煤系数 $\times 10^{-3}$　（13-10）

注：电能折算标准煤的系数取值为 0.330kgce/（kW·h）（按中国电力企业联合会公布的 2011 年 6000kW 及以上电厂供电煤耗取值）。

4）证明材料

项目申请单位应提交以下证明材料：

a. 项目立项相关的证明材料。其中包括：项目立项批复文件，办公会决议，会议纪要等。

b. 项目节能量核算相关的支撑材料。其中包括项目改造前 12 个月和改造完成后核算期内的港口带式输送机能耗统计（表 13–1 和表 13–2）等。

c. 项目设备购置相关的证明材料。其中包括项目改造所需主要设备采购合同和设备购置发票等。

d. 项目完成时间相关的证明材料。其中包括项目交工验收文件等。

项目实施前港口带式输送机能耗统计 表 13–1

填表单位（公章）： 填表日期： 年 月 日

序号	所在港区	所在生产线	统计年月	输送量（t）	用电量（kW·h）	单耗（kW·h/t）	备注
1							
2							
…							
合计	—	—	—			—	—

单位负责人： 审核人： 填表人： 联系电话：

注：1. 统计年月：指核算期内的进行能耗统计的月份。

2. 输送量：指港口带式输送机在该统计月份内实际输送货物的总质量。

3. 用电量：指港口带式输送机在该统计月份内的实际用电量。

4. 单耗：指港口带式输送机在该统计月份内单位输送量的用电量，其计算公式为：单耗 = 用电量 / 输送量。

5. 该统计表中输送量和用电量数据须出自申请单位的相关统计台账。

项目实施后港口带式输送机能耗统计　　表 13-2

填表单位（公章）：　　填表日期：　　年　月　日

序号	所在港区	所在生产线	统计年月	输送量（t）	用电量（kW·h）	单耗（kW·h/t）	备注
1							
2							
…							
合计	—	—	—			—	—

单位负责人：　　审核人：　　填表人：　　联系电话：

14. 港口机械自动控制系统节能技术应用项目投资额核算技术细则

1）适用范围

本细则适用于我国港口起重机械自动控制系统节能改造项目设备购置费的核算工作。

2）参考标准

JTS 150—2007 水运工程节能设计规范。

3）核算方法

（1）项目设备购置清单的确定

依据专项决算审计报告、“港口机械自动控制系统所需主要设备一览表”（表 14-1），以及相关设备的采购合同和设备购置发票，填写“项目设备购置清单（设备一览表中设备）”（表 14-2）。

对于表 14-1 中不包含的设备，经实地核查或专家研讨确认为项目范围内的，可纳入项目范围，但须填写“项目设备购置清单（设备一览表中未包含设备）”（表 14–3），并说明理由。

港口机械自动控制系统所需主要设备一览表　　表 14–1

项　目	具体细项	主要设备说明
检测装置	测距、定位传感器	如装卸船的船舱位置、物料分布、返程点定位、集装箱吊具定位检测、岸桥小车位置、吊具高度等设备
	质量传感器	如重量计量等设备
	速度传感器	如检测岸桥、场桥大车、小车升降、平移速度等设备
驱动与控制设备	电机驱动设备	如智能电机保护器、变频器、软启动器等设备
	配套设备	如电抗器、滤波器等
采集与控制系统	PLC 控制系统	如 CPU；数字量输入、输出模块、模拟量输入、输出模块；计数器模板、定位模板、称重模板等功能模块
	PLC 扩展模块	如扩展机架、网络通信模块
	PLC 配套构件	如通信适配器、存储卡、背板、电源、总线连接器、前端连接器、冗余模板等
	上位机控制系统	如工控机、触摸屏等
	其他设备	隔离器、配电器、防浪涌保护器
网络通信设备	通信模块	如工业以太网交换机、光纤链路模块、光纤总线模块、中继器、zigbe 及其他无线基站、网桥、集线器等设备
软件及平台	组态软件、运行软件、PLC 编程软件	如 WINCC 组态、运行版本；STEP7、冗余系统软件、数据库软件等

项目设备购置清单（设备一览表中设备）　　表 14–2

填表单位（公章）：　　　　填表日期：　年　月　日

序号	设备名称	型号	单位	数量	设备单价（万元）	设备总价（万元）	购置日期	对应合同编码	对应发票号码	对应发票金额（万元）	备注
1											
2											
…											…
合计	—	—	—	—	—		—	—	—	—	—

单位负责人：　　审核人：　　填表人：　　联系电话：

注：1. 该表中所列设备应与表 14–1 中"具体细项"相对应。

2. 设备名称、型号和设备单价均应按采购合同或发票中的货物名称或产品名称等相关信息进行填写。

3. 设备总价：指该类设备的总的购置费用，其计算公式为：设备总价 = 设备单价 × 数量。

4. 对应合同编码：指购买项目所用设备时签订的，包含该种设备的采购合同的合同编码。

5. 对应发票号码：指包含该种设备购置费用在内的发票的发票号码。

6. 对应发票金额：指包含该种设备购置费用在内的发票的票面总金额。

项目设备购置清单（设备一览表中未包含设备）　　表 14–3

填表单位（公章）：　　　　填表日期：　年　月　日

序号	设备名称	型号	单位	数量	设备单价（万元）	设备总价（万元）	购置日期	对应合同编码	对应发票号码	对应发票金额（万元）	备注
1											
2											
…											…
合计	—	—	—	—	—		—	—	—	—	—

单位负责人：　　审核人：　　填表人：　　联系电话：

注：1. 该表主要填写无法与表 14–1 中"具体细项"相对应的设备。

2. 该表中所列设备均须逐项说明其在系统中的功能，相关说明另附。

3. 其他注释见表 14–2。

（2）设备购置费的确定

根据项目设备购置清单，计算出相应的设备购置费（单位：万元），其计算公式如下：

某类设备总价（单位：万元）= 设备单价 × 数量　　（14-1）

设备购置费总额 = Σ 各类设备总价　　（14-2）

4）证明材料

项目申请单位应提交以下证明材料：

a. 项目立项相关的证明材料。其中包括项目申报及立项批复文件复印件等。

注：立项文件中必须包含项目建设内容，否则需另行提供项目建设内容证明材料。

b. 项目设备购置相关的证明材料。其中包括：项目设备购置清单（表 14-2 和 14-3）、设备采购合同和设备购置发票（须包含设备购置明细或附设备清单）等。

c. 项目投资相关的证明材料。其中包括专项决算审计报告等。

d. 项目完成时间相关的证明材料。其中包括项目交工验收文件等。

15. 集装箱码头 RTG“油改电”技术应用项目节能减排量核算技术细则

1）适用范围

本细则适用于集装箱码头已有轮胎式集装箱门式起重机（RTG）进行“油改电”所生产的替代燃料量的核算工作。

2）参考标准

（1）GB/T 2589—2008 综合能耗计算通则；

（2）JTS 150—2007 水运工程节能设计规范。

3）核算方法

（1）项目实施前单位作业量耗油量的确定

根据项目实施前 1 年（12 个月）内，实施改造的全部 RTG 的年度耗油量（单位：kg）和年度作业量（单位：TEU），确定项目实施前 RTG 的单位作业量耗油量（单位：kg/TEU），其计算公式如下：

$$\text{项目实施前年度耗油量} = \sum_{i=1}^{12}(\text{第 } i \text{ 月耗油量} \times \text{燃油比重}) \tag{15-1}$$

$$\text{项目实施前年度作业量} = \sum_{i=1}^{12}\text{第 } i \text{ 月作业量} \tag{15-2}$$

$$\text{项目实施前单位作业量耗油量} = \text{项目实施前年度耗油量} / \text{项目实施前年度作业量} \tag{15-3}$$

注：1. 第 i 月耗油量的单位为 L，柴油比重取 0.86kg/L。

2. 若项目实施前单位作业量油耗大于《水运工程节能设计规范》（JTS 150—2007）附录 A 中的推荐值，则项目实施前单位作业量油耗取 0.85kg/TEU。

（2）替代燃料量的确定

①项目实施后年度作业量的确定

根据RTG月度能耗统计数据，确定项目实施后，RTG在核算期（12个月）内实际完成作业量（单位：TEU），其计算公式如下：

$$\text{项目实施后月平均作业量} = \sum_{j=1}^{n}\text{第 } j \text{ 月作业量} / n \tag{15-4}$$

$$\text{项目实施后年度作业量} = \text{项目实施后月平均作业量} \times 12 \tag{15-5}$$

式中，n 为项目实际运行月数，且 $n \leqslant 12$。

注：如果项目中全部 RTG 完成油改电后的运行期均满 1 年，可按以下计算公式计算。

$$项目实施后年度作业量=\sum_{j=1}^{12}第j月作业量 \quad (15-6)$$

②项目替代柴油量的确定

项目实施后年度作业量（单位：TEU），乘以项目实施前单位作业量耗油量，即可得出项目的替代柴油量（单位：kg），其计算公式如下：

$$项目替代柴油量=项目实施前单位作业量耗油量\times项目实施后年度作业量 \quad (15-7)$$

③项目替代燃料量的确定

将替代柴油量折算成标准油，即得项目替代燃料量（单位：toe），其计算公式如下：

$$项目替代燃料量=项目替代柴油量\times折算标准油系数\times10^{-3} \quad (15-8)$$

注：柴油折算标准油的折算系数为 1.02kgoe/kg（根据 GB/T 2589—2008 计算所得）。

4）证明材料

项目申请单位应提交以下证明材料：

a. 项目立项相关的证明材料。其中包括：项目立项批复文件，办公会决议，会议纪要等。

b. 项目替代燃料量核算相关的支撑材料。其中包括：项目改造前 12 个月的 RTG 月度能耗统计（表 15-1）、项目改造完成后核算期内的 RTG 月度能耗统计（表 15-2）等。

c. 项目设备购置相关的证明材料。其中包括项目改造所需主要设备采购合同和设备购置发票等。

d. 项目完成时间相关的证明材料。其中包括项目交工验收文件等。

改造前 RTG 月度能耗统计　　表 15-1

填表单位（公章）：　　填表日期：　年　月　日

序号	设备号	统计年月	耗油量（L）	作业量（TEU）	单耗（kg/TEU）	备注
1						
2						
…						
合计	—					—

单位负责人：　审核人：　填表人：　联系电话：

注：1. 设备号：指 RTG 的设备出厂编号。

2. 耗油量：指该 RTG 在该统计月份内实际耗油量 。

3. 作业量：指该统计月份内 RTG 在装卸作业过程中所操作完成的集装箱量。

4. 单耗：指该统计月份内 RTG 完成单位作业量所需的燃油量，其计算公式为：单耗 =（耗油量 ×0.86）/ 作业量。

5. 该统计表中作业量和油耗数据须出自申请单位的相关统计台账。

改造后 RTG 月度能耗统计　　表 15-2

填表单位（公章）：　　填表日期：　年　月　日

序号	设备号	统计年月	用电量（kW·h）	作业量（TEU）	备注
1					
2					
…					
合计	—				—

单位负责人：　审核人：　填表人：　联系电话：

注：1. 用电量：指 RTG 完成油改电后，该电 RTG 在统计月份内实际用电量。

2. 作业量：指 RTG 完成油改电后，该电 RTG 在统计月份内完成的作业量。

3. 该统计表中作业量和油耗数据须出自申请单位的相关统计台账。

16. 集装箱码头 ERTG 无油转场技术应用项目节能减排量核算技术细则

1）适用范围

本细则适用于集装箱码头在用的电动轮胎式集装箱门式起重机（ERTG）无油转场技术应用项目的替代燃料量的核算工作。

对在集装箱码头 RTG“油改电”的同时完成无油转场改造的项目，按照《集装箱码头 RTG“油改电”技术应用项目节能减排量核算技术细则（2015 版）》进行替代燃料量核算。

2）参考标准

（1）GB/T 2589—2008 综合能耗计算通则；

（2）JTS 150—2007 水运工程节能设计规范。

3）核算方法

（1）项目实施前单位转场作业耗油量的确定

根据项目实施前 1 年（12 个月）内，实施改造的全部 ERTG 的年度转场作业耗油量（单位：kg）和年度转场次数（单位：次），确定项目实施前 ERTG 单位转场作业耗油量（单位：kg/ 次），其计算公式如下：

$$\text{项目实施前年度转场作业耗油量} = \sum_{i=1}^{12}(\text{第 } i \text{ 月转场作业耗油量} \times \text{燃油比重}) \tag{16-1}$$

$$\text{项目实施前年度转场次数} = \sum_{i=1}^{12}\text{第 } i \text{ 月转场次数} \tag{16-2}$$

$$\text{项目实施前单位转场作业耗油量} = \text{项目实施前年度转场作业耗油量} / \text{项目实施前年度转场次数} \tag{16-3}$$

注：第 i 月耗油量的单位为 L，柴油比重取 0.86kg/L。

（2）项目替代燃料量的确定

①项目实施后年度转场次数的确定

根据ERTG月度能耗统计数据，确定项目实施后，ERTG在核算期（12个月）内实际完成转场次数（单位：次），其计算公式如下：

$$项目实施后月平均转场次数=\sum_{j=1}^{n}第j月转场次数/n \tag{16-4}$$

$$项目实施后年度转场次数=项目实施后月平均转场次数\times 12 \tag{16-5}$$

式中，n为项目实际运行月数，且$n\leqslant 12$。

注：1.如果项目中全部ERTG完成无油转场改造项目后的运行期均满1年，可按以下计算公式计算。

$$项目实施后年度转场次数=\sum_{j=1}^{12}第j月转场次数 \tag{16-6}$$

2.对于计划实施的项目，可采用项目实施前1年转场次数进行估算。

②项目替代柴油量的确定

项目实施后年度转场作业量（单位：次），乘以项目实施前单位转场的耗油量，即可得出项目的替代柴油量（单位：kg），其计算公式如下：

$$\begin{aligned}&项目替代柴油量\\&=项目实施前单位转场作业耗油量\times项目实施后年度转场作业量\end{aligned} \tag{16-7}$$

③项目替代燃料量的确定

将替代柴油量折算成标准油，即得项目替代燃料量（单位：toe），其计算公式如下：

$$项目替代燃料量=项目替代柴油量\times折算标准油系数\times 10^{-3} \tag{16-8}$$

注：柴油折算标准油的折算系数为1.02kgoe/kg（根据GB/T 2589—2008计算所得）。

4）核算参考值

以下数值作为有关机构审核项目替代燃油量的参考，未超过参考值的按实际发生量据实计算，超过参考值的按参考值计算。

ERTG 单位转场作业消耗柴油量参考值为 10L/ 次；ERTG 单位转场次数参考值为 168 次 / 月。

注：1. 应采用表 16-1 中 ERTG 的平均单耗与参考值进行对照，不要求每台 ERTG 各月单耗均不高于参考值。

2. 对于计划实施的项目，应采用表 16-1 中 ERTG 的月均转场次数与参考值进行对照，对于已完成项目，应采用表 16-2 中 ERTG 的月均转场次数与参考值进行对照，不要求每台 ERTG 各月转场次数均不高于参考值。

5）证明材料

项目申请单位应提交以下证明材料：

a. 项目立项相关的证明材料。其中包括：项目立项批复文件，办公会决议，会议纪要等。

b. 项目替代燃料量核算相关的支撑材料。其中包括：项目改造前 12 个月的 ERTG 月度能耗统计（表 16-1）、项目改造完成后核算期内的 ERTG 月度能耗统计（表 16-2）等。

c. 项目设备购置相关的证明材料。其中包括项目改造所需主要设备采购合同和设备购置发票等。

d. 项目完成时间相关的证明材料。其中包括：项目交工验收文件、包括会议纪要、设备验收交接单等。

改造前ERTG月度能耗统计　　表16-1

填表单位（公章）：　　　　填表日期：　　年　月　日

序号	设备号	统计年月	耗油量（L）	转场次数（次）	单耗（L/次）	备注
1						
2						
…						
合计	—					

单位负责人：　　审核人：　　填表人：　　联系电话：

注：1. 设备号：指ERTG的设备出厂编号。

2. 耗油量：指该ERTG在该统计月份内转场作业实际耗油量。

3. 转场次数：指该统计月份内ERTG在转场作业过程中所完成的次数。

4. 单耗：指该统计月份内ERTG完成单次转场作业所需的燃油量，其计算公式为：单耗 = 耗油量 / 转场次数。

5. 该统计表中转场次数和油耗数据须出自申请单位的相关统计台账。

改造后ERTG月度能耗统计　　表16-2

填表单位（公章）：　　　　填表日期：　　年　月　日

序号	设备号	统计年月	用电量（kW·h）	转场次数（次）	备注
1					
2					
…					
合计	—	—			

单位负责人：　　审核人：　　填表人：　　联系电话：

注：1. 用电量：指ERTG完成无油转场改造后，该ERTG在统计月份内转场实际用电量。

2. 转场次数：指ERTG完成无油转场改造后，该ERTG在统计月份内完成的转场次数。

3. 该统计表中转场次数和用电量数据须出自申请单位的相关统计台账。

17. 天然气在港口装卸机械中应用项目节能减排量核算技术细则

1）适用范围

本细则适用于港区内以天然气为燃料的装卸机械应用项目替代燃料量的核算，包括集装箱牵引半挂车、牵引拖挂车、自卸汽车、单斗装载机、轮胎式起重机、空箱堆高机等装卸机械。

2）参考标准

（1）GB/T 2589—2008 综合能耗计算通则；

（2）JT/T 25—2009 港口企业能量平衡导则；

（3）JTS 150—2007 水运工程节能设计规范。

3）核算方法

（1）天然气机械气耗的确定

根据每种天然气装卸机械的数量和每台该种天然气装卸机械月度平均气耗量（单位：kg），计算核算期（12 个月）内该种天然气机装卸械总气耗（单位：kg），其计算公式如下：

$$\text{总气耗} = \sum_{i=1}^{n} \text{第 } i \text{ 台天然气装卸机械月度平均气耗量} \times 12 \qquad (17\text{-}1)$$

式中，n 为天然气机械台数；第 i 台天然气装卸机械月度平均气耗量需根据每台天然气装卸机械在实际工作期（不超过 12 个月）内的气耗量（单位：kg）统计数据求得。

注：1. 运行期满 1 个月的装卸机械，若首月实际运行天数不足 25d，月均气耗量计算时可剔除首月数据；运行期不足 1 个月的，月均气耗量可按日均气耗量乘以 25d 计算，其中，日均气耗量 = 实际气耗量 / 实际运行天数。

2. 本细则中的“天然气”均指 1 个大气压下，20℃时的天然气；1kg 液化天然气（LNG）按气化为 1.4m^3 天然气计算。

（2）替代能源当量比的确定

替代能源当量比，指在相同工况条件下，天然气装卸机械与燃油装卸机械完成相同作业量的能耗量之比。建议按固定当量比（取值 1.2m^3/kg）进行核算，即 1.2m^3 天然气相当于 1kg 柴油（按燃料热当量取值）。

（3）项目替代燃料量的确定

①替代柴油量的确定

将总气耗（单位：m^3）除以当量比，即可计算出替代柴油量（单位：kg），其计算公式如下：

项目替代柴油量 = 总气耗 / 当量比　（17-2）

②替代燃料量的确定

将项目的替代柴油量折算为替代燃料量（单位：toe），其计算公式如下：

项目替代燃料量 = 项目替代柴油量 × 柴油折标油系数 × 10^{-3}　（17-3）

注：柴油折算标准油系数取值为 1.02kgoe/kg（根据 GB/T 2589—2008 计算所得）。

4）核算参考值

以下数值作为有关机构审核项目替代燃油量的参考，同类机械的平均单耗和月均作业量未超过参考值的按实际发生量据实计算，超过参考值的按参考值计算（不要求每台机械各月单耗和作业量均不高于参考值）。

单耗参考值：集装箱牵引半挂车为 1.10kg/ 吞吐 TEU；牵引拖挂车为 0.09kg/ 起运吨；自卸汽车为 0.11kg/ 起运吨；单斗装载机为 0.08kg/ 操作吨；轮胎式起重机为 0.10kg/ 操作吨；空箱堆高机为 0.32kg/ 操作 TEU。

月均作业量参考值：集装箱牵引半挂车月均吞吐量为 3200TEU；牵引

拖挂车月均起运吨为24000t；自卸汽车月均起运吨为37500t；单斗装载机月均操作吨为150000t；轮胎式起重机月均操作吨为30000t；空箱堆高机月均操作量为20000TEU。

其他类型天然气装卸机械的操作量和气耗以实际统计值为准。

5）证明材料

项目申请单位应提交以下证明材料：

a. 项目立项相关的证明材料。其中包括：项目立项批复文件，办公会决议，会议纪要等。

b. 项目替代燃料量核算相关的支撑材料。天然气装卸机械燃料消耗及操作量月度统计（表17–1）、天然气装卸机械平均气耗量统计（表17–2）、加气凭证（如购气发票、加气小票或加气站盖章的电子记录单）等。

c. 机械购置相关的证明材料。其中包括：天然气装卸机械的购置（改装）清单（表17–3）、天然气装卸机械的购置（改装）合同和发票、天然气装卸机械的合格证等。

天然气装卸机械燃料消耗及作业量月度统计 表17–1

填表单位（公章）： 填表日期： 年 月 日

序号	车牌、设备号	统计年月	月度作业量（t或TEU）	月度气耗量（kg）	备注
1					
2					
…					
合计	—	—			—

单位负责人： 审核人： 填表人： 联系电话：

注：1. 月度作业量：指单台设备在某统计月份内总作业量。

2. 月度气耗量：指单台设备在某统计月份内实际消耗的LNG量。

3. 该统计表中作业量和气耗数据须出自申请单位的相关统计台账。

天然气装卸机械月度平均气耗量统计　　表 17-2

填表单位（公章）：　　　　　　填表日期：　　年　月　日

序号	车牌、设备号	月均作业量（t 或 TEU）	月均气耗量（kg）	单耗（kg/t 或 kg/TEU）
1				
2				
…				
合计	—			—

单位负责人：　　审核人：　　填表人：　　联系电话：

注：1. 该表中月度平均气耗量、月均作业量和单耗应由设备燃料消耗及作业量月度统计表中的数据计算获得。

2. 单耗的计算公式为：单耗 = 月均气耗量 / 月均作业量。

3. 用同类机械（如集装箱牵引半挂车、牵引拖挂车、自卸汽车等）月均作业量的平均值对照参考值进行超标判断。

4. 用同类机械单耗的平均值对照该机械的参考值进行超标判断。

天然气装卸机械的购置（或改装）清单　　表 17-3

填表单位（公章）：　　　　　　填表日期：　　年　月　日

序号	车牌号 / 设备号	制造厂商	厂牌型号	发动机号码	机械识别代号 / 车架代号	购置（或改装）时间	购置费用（万元）	发票号码	对应合同编码	燃料类型
1										
2										
…										
合计	—	—	—	—	—	—		—	—	—

单位负责人：　　审核人：　　填表人：　　联系电话：

注：1. 厂牌型号指机械出厂时厂家编制的型号，发动机号码是指由机械制造厂标注的发动机型号，机械识别代号 / 车架号码是指由机械制造厂为该车辆指定的一组字码（厂牌型号、发动机号码和车辆识别代号 / 车架号码均应与设备发票的信息保持一致）。

2. 购置时间：应填写设备发票中的“开票时间”，填写格式如“2015.01”。

3. 发票号码：指购置设备发票的发票号码。

4. 对应合同编码：指购买或改装天然气装卸机械时所签订的，包含该机械在内的购置（或改装）合同的合同编码。

5. 燃料类型：填写“LNG”或“压缩天然气（CNG）”。

18. 大型电动机械势能回收技术应用项目节能量核算技术细则

1）适用范围

本细则适用于我国港口大型电动机械势能回收节能改造项目节能量的核算。

2）参考标准

（1）JTS 150—2007 水运工程节能设计规范；

（2）JT/T 25—2009 港口企业能量平衡导则；

（3）JT/T 314—2009 港口电动式起重机能源利用效率检测方法。

3）核算方法

（1）项目实施前单位操作量能耗量的确定

根据项目实施前 1 年（12 个月）内，实施改造的动力设备总能耗量（将各类能源品种折算成标准煤，单位：tce）和操作量（单位：万 TEU 或万 t），确定项目实施前动力设备单位操作量能耗量（单位：tce/万 TEU 或 tce/万 t），其计算公式如下：

$$\text{项目实施前能耗量} = \sum_{i=1}^{n} \text{第 } i \text{ 月能耗量} \tag{18-1}$$

$$\text{项目实施前操作量} = \sum_{i=1}^{n} \text{第 } i \text{ 月操作量} \tag{18-2}$$

$$\text{项目实施前单位操作量能耗量} = \text{项目实施前能耗量} / \text{项目实施后操作量} \tag{18-3}$$

式中，n 为项目实施后实际运行月数，且 $n \leqslant 12$。

（2）节能量的确定

①项目实施后年度操作量的确定

根据月度能耗统计数据，确定项目实施后，在核算期（12 个月）内实际完成操作量（单位：万 TEU、万 t），其计算公式如下：

$$项目实施后月平均操作量=\sum_{j=1}^{n}第\ j\ 月操作量/n \qquad (18-4)$$

$$项目实施后年度操作量=项目实施后月平均操作量\times 12 \qquad (18-5)$$

式中，n 为项目实际运行月数，且 $n\leqslant 12$。

②项目节能量的确定

根据项目实施前单位操作量能耗量和项目实施后年度操作量，可求得港口大型电动机械势能回收技术应用项目节能量（单位：tce），其计算公式如下：

$$\begin{aligned}&项目节能量\\&=项目实施前单位操作量能耗量\times\\&\quad 项目实施后年度操作量\times 势能回收率\end{aligned} \qquad (18-6)$$

注：势能回收率应根据港口大型电动机械实际运行情况，经检测后确定（需出具检测报告）。对于计划实施项目和未进行检测的项目，势能回收率按 15% 进行取值。

4）证明材料

项目申请单位应提交以下证明材料：

a. 项目立项相关的证明材料。其中包括：项目立项批复文件复印件，或者办公会决议复印件，或者会议纪要复印件等。

b. 项目节能量核算相关的支撑材料。其中包括：势能回收改造前 n 月的月度能耗统计（表 18–1）、势能回收改造完成后核算期内的月度能耗统计（表 18–2）。

c. 项目设备购置相关的证明材料。其中包括：势能回收技术应用项目信息（表 18–3）、项目改造所需主要设备采购合同和设备购置发票的复印件等。

d. 项目完成时间相关的证明材料。其中包括：项目交工验收文件等。

项目实施前动力设备月度能耗统计　　表 18-1

填表单位（公章）：　　填表日期：　年　月　日

序号	设备名称	统计年月	能耗量（tce）	操作量（万 TEU、万 t）	单位操作量能耗量（tce/ 万 TEU 或 tce/ 万 t）	备注
1						
2						
…						
合计	—	—			—	—

单位负责人：　　审核人：　　填表人：　　联系电话：

注：1. 设备名称：含有电动机势能回收改造的设备名称。

2. 能耗量：指该统计月份内实际能耗量。

3. 操作量：指该统计月份内项目改造前此设备所完成的操作量。

4. 单耗：指该统计月份内项目改造前此设备完成单位操作量所需的能耗量，其计算公式为：单耗 = 能耗量 / 操作量。

5. 该统计表中操作量和能耗数据须出自申请单位的相关统计台账。

势能回收技术应用后动力设备月度能耗统计　　表 18-2

填表单位（公章）：　　填表日期：　年　月　日

序号	设备名称	统计年月	势能回收率（%）	能耗量（tce）	操作量（万 TEU、万 t）	单位操作量能耗量（tce/ 万 TEU 或 tce/ 万 t）	备注
1							
2							
…							
合计	—	—	—			—	—

单位负责人：　　审核人：　　填表人：　　联系电话：

注：1. 势能回收率：按检测报告结论填写。

2. 操作量：指该统计月份内项目改造后此设备所完成的操作量。

势能回收技术应用项目信息　　表 18-3

填表单位（公章）：　　填表日期：　年　月　日

序号	势能回收技术项目名称	主要改造内容	改造时间	改造费用（万元）	对应合同编码	备注
1						
2						
…						
合计	—	—	—		—	—

单位负责人：　审核人：　填表人：　联系电话：

注：1. 改造时间：应填写改造交工时间，填写格式如 2015.01。

2. 改造费用：应填写工属具改造项目开具的发票金额。

19. 港口装卸机械工属具改造项目节能减排量核算技术细则

1）适用范围

本细则适用于对港口装卸机械工属具改造项目所产生的节能减排量的核算工作。

本细则所指港口装卸工属具应符合《港口装卸工属具术语》JT/T 392—2013 的规定。

2）参考标准

（1）GB/T 2589—2008 综合能耗计算通则；

（2）JT/T 314—2009 港口电动式起重机能源利用效率检测方法；

（3）GB/T 21339—2008 港口能源消耗统计及分析方法；

（4）JT/T 392—2013 港口装卸工属具术语。

3）核算方法

（1）单位操作量节能量的确定

①项目实施前单机单耗的确定

根据项目实施前 1 年（12 个月）内，实施改造的装卸工属具对应的装卸机械单机能耗量及操作量，确定项目实施前单机单耗（单位：tce/ 万 TEU 或 tce/ 万 t），其计算公式如下：

$$项目实施前单机能耗量=\sum_{i=1}^{12}第\ i\ 月能耗量 \quad (19\text{-}1)$$

$$项目实施前单机操作量=\sum_{i=1}^{12}第\ i\ 月操作量 \quad (19\text{-}2)$$

$$项目实施前单机单耗=项目实施前能耗量/项目实施前操作量 \quad (19\text{-}3)$$

②项目实施后单机单耗的确定

根据项目实施后运行期（12 个月）内，实施改造的装卸工属具对应的装卸机械能耗量及操作量，确定项目实施后装卸机械单机单耗（单位：tce/ 万 TEU 或 tce/ 万 t），其计算公式如下：

$$项目实施后单机能耗量=\sum_{j=1}^{n}第\ j\ 月能耗量 \quad (19\text{-}4)$$

$$项目实施后单机操作=\sum_{j=1}^{n}第\ j\ 月操作量 \quad (19\text{-}5)$$

$$项目实施后单机单耗=项目实施后能耗量/项目实施后操作量 \quad (19\text{-}6)$$

式中，n 为项目实施后实际运行月数，且 $n \leqslant 12$。

（2）节能量的确定

①项目实施后单机年度操作量的确定

根据月度能耗统计数据，确定项目实施后，在核算期（12 个月）内实施改造的装卸工属具对应的装卸机械实际完成操作量（单位：万 TEU、万 t），其计算公式如下：

$$项目实施后月平均操作量=\sum_{j=1}^{n}第\ j\ 月操作量/n \quad (19\text{-}7)$$

项目实施后年度操作量 = 项目实施后月平均操作量 ×12　　(19-8)

式中，n 为项目实施后实际运行月数，且 $n \leq 12$。

注：如果项目运行期已满 1 年，可按以下计算公式计算项目实施后年度操作量：

$$\text{项目实施后年度操作量} = \sum_{j=1}^{12} \text{第 } j \text{ 月操作量} \tag{19-9}$$

②单机节能量的确定

对实施改造的装卸工属具对应的装卸机械单机年度节能量（单位：tce）可按如下公式计算：

单机节能量

=（项目实施前单机单耗—项目实施后单机单耗）×

项目实施后单机年度操作量　　(19-10)

③项目总节能量的确定

项目总节能量按如下公式计算：

$$\text{项目总节能量} = \sum_{k=1}^{m} \text{第 } k \text{ 个装卸机械节能量} \tag{19-11}$$

式中，m 为实施改造的装卸工属具对应的装卸机械数量。

4）证明材料

项目申请单位应提交以下证明材料：

a. 项目立项相关的证明材料。其中包括：项目立项批复文件复印件，办公会决议复印件，会议纪要复印件等。

b. 项目节能量核算相关的支撑材料。其中包括：项目实施前后，装卸工属具对应的装卸机械的月度能耗、操作量统计（表 19-1、表 19-2）。

c. 项目改造工程相关的证明材料。其中包括：工属具改造项目信息（表 19-3）、项目改造合同及发票复印件等。

d. 项目完成时间相关的证明材料。其中包括：项目交工验收文件等。

项目实施前单机月度能耗统计 表 19-1

填表单位（公章）： 填表日期： 年 月 日

序号	机械名称	统计年月	能耗量（tce）	操作量（万 TEU、万 t）	单位操作量能耗量（toe、tce/ 万 TEU 或 toe、tce/ 万 t）	备注
1						
2						
…						
合计	—	—			—	—

单位负责人： 审核人： 填表人： 联系电话：

注：1. 能耗量：该统计月份内实际能耗量。

2. 操作量：指该统计月份内，装卸机械完成的操作量。

3. 单机单耗：指该统计月份内完成单位操作量所需的能耗量，其计算公式为：单机单耗 = 能耗量 / 操作量。

4. 该统计表中操作量和能耗数据须出自申请单位的相关统计台账。

项目实施后单机月度能耗统计 表 19-2

填表单位（公章）： 填表日期： 年 月 日

序号	机械名称	统计年月	能耗量（tce、toe）	操作量（万 TEU、万 t）	单位操作量能耗量（toe、tce/ 万 TEU 或 toe、tce/ 万 t）	备注
1						
2						
…						
合计	—	—			—	—

单位负责人： 审核人： 填表人： 联系电话：

工属具改造项目信息　　表 19-3

填表单位（公章）：　　填表日期：　　年　月　日

序号	工属具名称	主要改造内容	改造时间	改造费用（万元）	对应合同编码	备注
1						
2						
…						
合计	—	—	—		—	—

单位负责人：　　审核人：　　填表人：　　联系电话：

注：1. 改造时间：应填写改造交工时间，填写格式如 2015.01。

2. 改造费用：应填写工属具改造项目开具的发票金额。

20. 码头油气回收系统应用项目节能减排量核算技术细则

1）适用范围

本细则适用于港口油气回收系统应用项目油气回收节能量的核算工作，主要针对采用吸附法、冷凝发、膜法、溶剂法及复合法等处理方式进行油气回收的港口油气回收系统应用项目，包括用于码头装船过程中的油气回收系统，以及用于港区车辆加油过程的油气回收系统。

2）参考标准

（1）GB/T 2589—2008　综合能耗计算通则；

（2）GB 20950—2007　储油库大气污染物排放标准；

（3）MSC.Circ.585 号函　关于蒸汽排放控制系统标准。

3）核算方法

（1）项目回油量的确定

根据项目投入运行后，油气回收设备所回收的各种油品的月度回油量（单位：kg），折算标准煤后加总（部分油品折算标准煤系数见表 20-1），得出项目月度回油量（单位：kgce），进一步可求得项目核算期内（12 个月）总回油量（单位：kgce），其计算公式如下：

$$\text{项目第 } i \text{ 月回油量} = \sum_{j=1}^{m}(\text{第 } i \text{ 月第 } j \text{ 种油品月度回油量} \times \text{该种油品折算标准煤系数}) \quad (20\text{-}1)$$

$$\text{项目回油量} = \sum_{i=1}^{n}\text{第 } i \text{ 月回油量} / n \times 12 \quad (20\text{-}2)$$

式中，m 为项目所回收的油品品种的数量；n 为项目实际运行月数，且 $n \leqslant 12$。

注：对于计划实施的项目，可根据油气回收设备设施所在港区 / 船舶 / 车辆的理论年装货量（单位：kg）、油品理论油气挥发量（单位：%）及油气回收设备回收效率（单位：%）估算项目第 i 种油品月度回油量（单位：kg），其计算公式如下：

$$\text{油气回收设备第 } i \text{ 种油品月度回油量} = \text{该种油品理论月度装货量} \times \text{油气挥发量} \times \text{油气回收设备回收效率} \quad (20\text{-}3)$$

式中，该种油品理论年装货量可按油气回收设备所在港区 / 船舶 / 车辆的上一年度该种油品月均吞吐量进行取值，成品油的油气挥发量参考值为 0.08% ~ 0.12%，原油的油气挥发量参考值为 0.05% ~ 0.08%，油气回收设备回收效率按照国标要求 95% 计算。

部分油品的折算标准煤系数　表 20-1

品种	折标准煤系数	品种	折标准煤系数
原油	1.4286kgce/kg	燃料油	1.4286kgce/kg
汽油	1.4714kgce/kg	液化石油气	1.7143kgce/kg
煤油	1.4714kgce/kg	炼厂干气	1.5714kgce/m³
煤田天然气（即煤矿瓦斯气）	0.5000~0.5174kgce/m³	油田天然气	1.3300kgce/m³
焦炉煤气	0.5714~0.6143kgce/m³	气田天然气	1.2143kgce/m³

注：根据 GB/T 2589—2008 和中国电力企业联合会数据整理。

（2）油气回收设备耗电量的确定

根据项目中油气回收设备电表项目运行期首末次电表读数（单位：kW · h）之差，确定油气回收设备的实际用电量（单位：kW · h），据此可求得油气回收设备在核算期（12 个月）内总耗电量（单位：kgce），其计算公式如下：

油气回收设备实际用电量

$$= \sum_{k=1}^{p}（第 i 个电表末次读数 - 该电表首次读数）\quad (20-4)$$

油气回收设备耗电量

$$= 油气回收设备实际用电量 / n \times 12 \times 电能折算标准煤系数 \quad (20-5)$$

式中，n 为项目实际运行月数，且 $n \leqslant 12$，p 为油气回收设备的电表个数，电能折算标准煤的系数取值为 0.330kgce/（kW · h）（按中国电力企业联合会公布的 2011 年 6000kW 及以上电厂供电煤耗取值）。

（3）项目节能量的确定

项目节能量（单位：tce）可按项目回油量扣除油气回收设备耗电量计算求得，其计算公式如下：

$$项目节能量 = (项目回油量 - 油气回收设备耗电量) \times 10^{-3} \qquad (20\text{-}6)$$

4）证明材料

项目申请单位应提交以下证明材料：

a. 项目立项相关的证明材料。其中包括：项目立项批复文件，办公会决议，会议纪要等。

b. 项目节能量核算相关的支撑材料。其中包括：项目工艺过程描述、油气回收装置回收量统计（表 20–2）、油气回收设备用电量统计（表 20–3）、项目第三方监测报告等。

c. 与项目设备购置相关的证明材料。其中包括：供电节能项目相关设备汇总表、供电设施采购合同和购置发票等。

d. 项目完成时间相关的证明材料。其中包括：项目交工验收文件等。

油气回收装置回收量统计 表 20–2

填表单位（公章）： 填表日期： 年 月 日

序号	统计年月	油品品种	发油量（kg）	回油量（kg）	油品挥发量（%）
1					
2					
…					
合计					

单位负责人： 审核人： 填表人： 联系电话：

注：1. 表中发油量为油气回收装置所在港口 / 库区的月发油量实测值；回油量为油气回收设备月回收油品量的实测值。

2. 单位电耗为油气回收设备的实际耗电量。

3. 表格中的数据均通过现场安装的监测计量仪器统计得出。

油气回收设备用电量统计　　表 20-3

填表单位（公章）：　　填表日期：　　年　月　日

序号	电表编号	记录日期	电表读数（kW·h）	备注
1				
2				
…				

单位负责人：　　审核人：　　填表人：　　联系电话：

注：1. 本表每个电表填报一张，应记录实际运行期的电表读数。

2. 记录日期应为每月的同一日期。

3. 电表读数：应为记录日期当天电表的实际读数。

4. 统计数据须出自申请单位的相关统计台账。

第三节　交通运输基础设施建设与运营

21. 节能照明技术应用项目节能减排量核算技术细则

1）适用范围

本细则适用于公路及沿线设施、桥梁、隧道、运输站场等新建和改造节能照明技术应用项目节能量的核算。

2）参考标准

（1）GB/T 2589—2008 综合能耗计算通则；

（2）JTG/T D70/2-02—2014 公路隧道通风设计细则；

（3）GB/T 24969—2010 公路照明技术条件。

3）核算方法

（1）日均节电量的确定

①项目实施前日均用电量的确定

a. 照明节能改造项目。

根据项目中各个电表 1 年内首末次电表读数，确定照明系统改造前 1 年（365d）内的年度实际用电量（单位：kW·h），即可求得项目实施前日均用电量（单位：kW·h/d），其计算公式如下：

$$\text{项目实施前年度用电量} = \sum_{i=1}^{n}(\text{第 } i \text{ 个电表末次电表读数}-\text{该电表首次电表读数})\times \text{该电表的倍率} \quad (21\text{-}1)$$

$$\text{项目实施前日均用电量}=\text{项目实施前年度用电量}/365 \quad (21\text{-}2)$$

式中，n 为项目中电表数量。

注：对于隧道照明，项目实施前照明系统日均用电量应满足式（21-3），否则应取改造前照明系统设计用电量。

$$\text{夜间设计总功率}\times 24<\text{项目实施前日均用电量}<\text{白天晴天设计总功率}\times 24 \quad (21\text{-}3)$$

b. 照明节能新建项目。

项目实施前日均用电量应为常规高压钠灯设计方案日理论用电量，常规高压钠灯设计方案应符合 JTG/T D70/2-02—2014 和 GB/T 24969—2010 等标准的要求。

②项目实施后日均用电量的确定

根据照明系统节能改造后实际运行期（不超过 365d）内，各个电表首末次电表读数，确定项目实施后实际用电量（单位：kW·h），即可求得照明节能项目实施后日均用电量（单位：kW·h/d），其计算公式如下：

项目实施后实际用电量

$$=\sum_{i=1}^{n}（第 i 个电表末次电表读数-该电表首次电表读数）\times 该电表的倍率 \tag{21-4}$$

$$项目实施后日均用电量=项目实施后实际用电量/实际运行天数 \tag{21-5}$$

式中，n 为项目中电表数量。

③日均节电量的确定

项目实施后日均节电量（单位：kW·h/d）为项目实施前后的日均用电量数据之差，其计算公式如下：

$$日均节电量=项目实施前日均用电量-项目实施后日均用电量 \tag{21-6}$$

（2）项目节电量的确定

依据日均节电量，计算照明节能新建和改造工程项目的节电量（单位：kW·h），其公式如下：

$$项目节电量=日均节电量\times 365 \tag{21-7}$$

（3）项目节能量的确定

将项目节电量按照电力等价值折算为标准煤，即得到项目的节能量（单位：tce），其计算公式如下：

$$项目节能量=项目节电量\times 电能折算标准煤的系数\times 10^{-3} \tag{21-8}$$

注：电能折算标准煤的系数取值为 0.330kgce/（kW·h）（按中国电力企业联合会公布的 2011 年 6000kW 及以上电厂供电煤耗取值）。

4）证明材料

项目申请单位应提交以下证明材料：

a. 项目立项相关的证明材料。其中包括：项目立项批复文件，办公会决议，会议纪要等。

b. 项目节能量核算相关的支撑材料。

a) 新建照明节能工程项目应提供的支撑材料包括：参照常规高压钠灯设计方案及设计图纸、设计方案用电量汇总（表 21–1 或表 21–3）等，新建照明节能工程设计方案及设计图纸、设计方案用电量汇总（表 21–2 或表 21–4）和照明系统用电量统计（表 21–6）等。

项目实施前公路、桥梁及沿线设施照明系统设计方案用电汇总 表 21–1

填表单位（公章）： 填表日期： 年 月 日

序号	安装地点	灯具类型	光源类型	光源功率（W）	光源数量（盏）	灯具功率（W）	灯具数量（座或套）	设计日开启小时数（h）	日理论用电量（kW·h/d）	备注
1										
2										
…										
合计	—	—	—	—		—		—		

单位负责人： 审核人： 填表人： 联系电话：

注：1. 安装地点：指灯具安装的具体位置，如 ×× 服务区、×× 收费站，同一安装地点，不同的灯具或光源应分行统计。

2. 灯具类型：按采购合同或购置发票进行填写，一般按用途分类，如道路照明灯、室内照明灯、自动升降高杆灯等。

3. 光源类型：一般按光源分类，如荧光灯、高压钠灯、LED 灯或其他节能灯等。

4. 光源功率和光源数量：指该灯具中安装的单个高压钠灯或 LED 灯等的功率和盏数（如果所购灯具为自带光源的成套灯具，可不填写此两栏内容）。

5. 灯具功率：指该灯具中安装的所有光源功率和电器（如镇流器）功率之和，即灯具功率 = 光源功率 × 光源数量 + 电器功率。

6. 灯具数量：指该安装地点安装的同型号灯具的数量。

7. 设计日开启小时数和日理论用电量均应依据照明系统设计文件填写。

8. 若加装自动调光系统，应在“备注”一栏中进行说明。

项目实施后公路、桥梁及沿线设施照明系统设计方案用电汇总　表 21-2

填表单位（公章）：　　　　填表日期：　　年　月　日

序号	安装地点	灯具类型	光源类型	光源功率（W）	光源数量（盏）	灯具功率（W）	灯具数量（座或套）	设计日开启小时数（h）	日理论用电量（kW·h/d）	备注
1										
2										
…										
合计	—	—	—	—		—		—		

单位负责人：　　审核人：　　填表人：　　联系电话：

项目实施前隧道照明系统设计方案用电汇总　表 21-3

填表单位（公章）：　　　　填表日期：　　年　月　日

序号	隧道名称	照明段	长度（m）	光源类型	光源功率（W）	光源数量（盏）	安装功率（kW）	夜间设计功率（kW）	白天晴天设计功率（kW）	夜间照明时间（h）	日理论用电量（kW·h/d）	备注
1												
2												
…												
合计		—		—	—					—		

单位负责人：　　审核人：　　填表人：　　联系电话：

注：1. 照明段：指隧道入口段、过渡段、中间段、出口段、接近段、应急照明和洞外引道照明等。

2. 光源数量：为该照明段安装的高压钠灯或 LED 灯等的盏数。

3. 安装功率：指该照明段所安装的灯具的总功率，是该照明段安装的所有光源功率和电器（如镇流器）功率之和，即安装功率 =（光源功率 × 光源数量 + 电器功率）$\times 10^{-3}$。

4. 其他内容填写说明同表 21-1。

5. 若加装自动调光系统，应在“备注”一栏中进行说明。

b) 照明节能工程改造项目应提供的支撑材料包括：项目改造前的照明系统设计方案及图纸、设计方案用电量汇总（表 21-1 或表 21-3）和照明系统用电量统计（表 21-5）等，照明节能工程项目改造设计方案及设计图纸、设计方案用电量汇总（表21-2或表21-4）及照明系统用电量统计（表21-6）等。

c. 项目设备购置相关的证明材料。其中包括：照明节能项目相关设备汇总（表21-7）、灯具购置合同和发票等。

d. 项目完成时间相关的证明材料。其中包括项目交工验收文件等。

项目实施后隧道照明系统设计方案用电汇总　　表21-4

填表单位（公章）：　　　　填表日期：　　年　月　日

序号	隧道名称	照明段	长度（m）	光源类型	光源功率（W）	光源数量（盏）	安装功率（kW）	夜间设计功率（kW）	白天晴天设计功率（kW）	夜间照明时间（h）	日理论用电量（kW·h/d）	备注
1												
2												
…												
合计		—		—	—					—		

单位负责人：　　审核人：　　填表人：　　联系电话：

项目实施前照明系统用电量统计　　表21-5

填表单位（公章）：　　　　填表日期：　　年　月　日

序号	电表编号	记录日期	电表读数	电表倍率	备注
1					
2					
…					

单位负责人：　　审核人：　　填表人：　　联系电话：

注：1. 本表每个电表填报一张，项目实施前应记录满一年的电表读数，项目实施后应记录实际运行期（最长不超过一年）的电表读数。

2. 记录日期应为每月的同一日期，如“2015.01.01”。

3. 电表读数：应为记录日期当天电表的实际读数。

4. 统计数据须出自申请单位的相关统计台账。

项目实施后照明系统用电量统计

表 21-6

填表单位（公章）：　　　　　　　　　　　　填表日期：　　年　月　日

序号	电表编号	记录日期	电表读数	电表倍率	备注
1					
2					
…					

单位负责人：　　　　审核人：　　　　填表人：　　　　联系电话：

注：1. 本表每个电表填报一张，项目实施前应记录满一年的电表读数，项目实施后应记录实际运行期（最长不超过一年）的电表读数。

2. 记录日期应为每月的同一日期，如“2015.01.01”。

3. 电表读数：应为记录日期当天电表的实际读数。

4. 统计数据须出自申请单位的相关统计台账。

照明节能项目相关设备汇总

表 21-7

填表单位（公章）：　　　　　　　　　　　　填表日期：　　年　月　日

序号	设备名称	型号	单位	数量	设备单价（元）	设备总价（元）	对应合同编码	对应发票号码	对应发票金额（元）	备注
1										
2										
…										

单位负责人：　　　　审核人：　　　　填表人：　　　　联系电话：

注：1. 设备名称、型号和设备单价均应按采购合同或发票中的货物名称或产品名称等相关信息进行填写。

2. 总价：指该种设备的总的购置费用，其计算公式为：总价 = 单价 × 数量。

3. 对应合同编码：指购买项目所用设备时签订的，包含该种设备的采购合同的合同编码。

4. 对应发票号码：指包含该种设备购置费用在内的发票的发票号码。

5. 对应发票金额：指包含该种设备购置费用在内的发票的票面总金额。

22. 交通基础设施建筑制冷及采暖节能技术应用项目节能减排量核算技术细则

1）适用范围

本细则适用于公路收费站、服务区、运输站场、港区等交通基础设施建筑节能新建或改造项目节能量的核算工作，主要针对具有制冷、采暖节能效果的建筑体本身新建或改造类项目（包括建筑保温材料及技术应用等），以及节能型制冷、采暖设备新建或改造类项目（包括地源热泵制冷及采暖系统、水源热泵制冷及采暖系统和空气源热泵制冷系统应用或改造等），其中节能型采暖设备新建或改造类项目核算范围仅适用于集中供暖区域。

2）参考标准

（1）GB/T 2589—2008 综合能耗计算通则；

（2）GB 50189—2015 公共建筑节能设计标准；

（3）GB/T 50378—2014 绿色建筑评价标准；

（4）GB 12021.3—2010 房间空气调节器能效限定值及能效等级；

（5）GB 50736—2012 民用建筑供暖通风与空气调节设计规范；

（6）GB/T 19409—2013 水（地）源热泵机组。

3）核算方法

建筑制冷、采暖系统节能应分改造、新建两种建设性质，以及夏季制冷、冬季采暖两种工况进行节能量的核算。

（1）夏季制冷工况节能量的确定

①项目实施前夏季制冷工况单位面积能耗量的确定

a. 对于改造项目，根据项目中制冷设备电表当地夏季制冷周期首末次电表读数（单位：kW·h）之差，确定建筑节能改造前当地夏季制冷周期内的实际用电量（单位：kW·h），由此计算节能改造前单位面积能耗量（单位：kgce/m^2），其计算公式如下：

项目实施前夏季制冷工况单位面积能耗量

$= \sum_{i=1}^{n}$（第 i 个电表末次读数 - 该电表首次读数）/ 改造前制冷建筑面积 × 电能折标煤系数　　（22-1）

式中，n 为项目中电表个数，电能折算标准煤的系数取值为 0.330kgce/（kW·h）（按中国电力企业联合会公布的 2011 年 6000kW 及以上电厂供电煤耗取值）。

b. 对于新建项目，针对开展包括强化建筑保温材料或技术应用、节能型制冷采暖设备应用等内容的综合节能项目，夏季制冷工况单位面积能耗量（kgce/m^2）可根据参照设计冷负荷进行计算。

项目实施前夏季制冷工况单位面积能耗量

= 参照设计冷负荷 × 负荷系数 × 每天运行时间 × 制冷器天数 / 制冷性能系数 × 电能折标煤系数　　（22-2）

式中，参照设计冷负荷（单位：kW/m^2）应根据当地同类型建筑平均设计冷负荷取值；负荷系数取值为 0.7；制冷性能系数采用 3.0（空气源热泵电制冷空调 3 级能效比）；电能折算标准煤的系数取值为 0.330kgce/（kW·h）；每天运行时间单位为小时。

注：1. 参照设计冷负荷采用当地同类型建筑平均设计冷负荷值时，应提供相关佐证材料，表 22-1 作为有关机构审核项目参照冷负荷的参考，未超过参考值的按当地实际参照量进行计算，超过参考值的按参考值计算。

2. 针对仅应用节能型制冷设备（如采用更高能效比空气源热泵电制冷空调或采用地源热泵、水源热泵等）的项目，设计冷负荷（单位：kW/m^2）应根据本项目设计方案取值。

分区域参照设计冷、热负荷参考值　表 22-1

气候分区	参照设计冷负荷参考值（W/m^2）	参照设计热负荷参考值（W/m^2）	代表性城市
严寒地区 A 区	—	120~150	海伦、博客图、伊春、呼玛、海拉尔、满洲里、齐齐哈尔、富锦、哈尔滨、牡丹江、克拉玛依、佳木斯、安达
严寒地区 B 区	—	100~150	长春、乌鲁木齐、延吉、通辽、通化、四平、呼和浩特、抚顺、大柴旦、沈阳、大同、本溪、阜新、哈密、鞍山、张家口、酒泉、伊宁、吐鲁番、西宁、银川、丹东
寒冷地区	200~250	100~120	兰州、太原、唐山、阿坝、喀什、北京、天津、大连、阳泉、平凉、石家庄、德州、晋城、天水、西安、拉萨、康定、济南、青岛、安阳、郑州、洛阳、宝鸡、徐州
夏热冬冷地区	250~280	—	南京、蚌埠、盐城、南通、合肥、安庆、九江、武汉、黄石、岳阳、汉中、安康、上海、杭州、宁波、宜昌、长沙、南昌、株洲、永州、赣州、韶关、桂林、重庆、达州、万州、涪陵、南充、宜宾、成都、贵阳、遵义、凯里、绵阳
夏热冬暖地区	250~300	—	福州、莆田、龙岩、梅州、兴宁、英德、河池、柳州、贺州、泉州、厦门、广州、深圳、湛江、汕头、海口、南宁、北海、梧州

注：1. 严寒地区 A 区、严寒地区 B 区的夏季制冷节能量不予核算。

2. 非国家指定的集中供暖地区的冬季采暖节能量不予核算。

3. 项目如未在上表统计城市名列中可按最靠近原则确定项目地。

4. 上表参考数值可结合交通基础项目制冷、制热系统使用期间的人流密度及项目围护结构特点确定。

②项目实施后夏季制冷工况单位面积能耗量的确定

根据项目中制冷设备电表当地夏季制冷周期首末次电表读数差，可计算项目改造后夏季制冷周期单位面积能耗量（单位：kgce/m^2），其计算公式如下：

项目实施后夏季制冷周期单位面积能耗量

$$=\sum_{i=1}^{n}(\text{第 } i \text{ 个电表末次读数}-\text{该电表首次读数})/\text{项目实施后制冷建筑面积}\times\text{电能折标煤系数} \qquad (22\text{-}3)$$

式中，n 为项目中电表个数；电能折算标准煤的系数取值为 0.330kgce/（kW·h）（按中国电力企业联合会公布的 2011 年 6000kW 及以上电厂供电煤耗取值）。

注：对于计划实施的项目，可按下式估算项目实施后夏季制冷工况单位面积能耗量（单位：kgce/m^2）。

项目实施后夏季制冷工况单位面积能耗量

$$=\text{设计冷负荷}\times\text{负荷系数}\times\text{每天运行时间}\times\text{制冷期天数}/\text{制冷性能系数}\times\text{电能折标煤系数} \qquad (22\text{-}4)$$

式中，设计冷负荷（单位：kW/m^2）应根据本项目设计方案取值；负荷系数取值为 0.7；制冷性能系数根据实际情况取值；电能折算标准煤的系数取值为 0.330kgce/（kW·h）。

③夏季制冷工况节能量的确定

依据项目实施前后夏季制冷工况单位面积能耗量的差值，可计算项目实施后夏季制冷工况单位面积节能量（单位：kgce/m^2），乘以项目实施后制冷建筑面积（单位：m^2），可求得夏季制冷工况节能量（单位：tce），其计算公式如下：

夏季制冷工况节能量

=（项目实施前夏季制冷工况单位面积能耗量 -

项目实施后夏季制冷工况单位面积能耗量）×

项目实施后制冷建筑面积 ×10^{-3} （22-5）

（2）冬季采暖工况节能量的确定

①项目实施前冬季采暖工况单位面积能耗量的确定

a. 对于改造项目，项目实施前单位面积的能耗量（单位：kgce/m^2）的计算公式如下：

项目实施前冬季采暖工况单位面积能耗量

=设计热负荷 × 负荷系数 × 每天运行时间 × 采暖期天数 / 标准煤热值 （22-6）

式中，设计热负荷（单位：kW/m^2）应根据改造前设计方案取值；负荷系数取值为 0.9；标准煤热值取值为 8.14kW · h/kgce。

b. 对于新建项目，冬季采暖工况单位面积能耗量（kgce/m^2）可根据参照设计热负荷进行计算。

项目实施前冬季采暖工况单位面积能耗量

=参照设计热负荷 × 负荷系数 × 每天运行时间 × 采暖期天数 / 标准煤热值 （22-7）

式中，参照设计热负荷（单位：kW/m^2）应根据当地同类型建筑平均设计热负荷取值；负荷系数取值为 0.9；标准煤热值取值为 8.14kW · h/kgce。

注：1. 参照设计热负荷采用当地同类型建筑平均设计热负荷值时，应提供相关佐证材料。表 22-1 作为有关机构审核项目参照热负荷的参考，未超过参考值的按当地实际参照量进行计算，超过参考值的按参考值计算。

2. 对于仅采用节能型采暖设备（如地源热泵、水源热泵采暖系统）的新建项目，参照设计热负荷应根据本项目设计方案取值。

②项目实施后冬季采暖工况单位面积能耗量的确定

a. 针对采用集中供暖方式采暖的项目，项目实施后采用冬季采暖周期热力流量表首末次读数差，确定建筑节能改造后当地冬季采暖周期内的实际用能量（单位：kgce），由此计算项目实施后单位面积能耗量（单位：$kgce/m^2$），其计算公式如下：

集中供暖方式项目实施后冬季采暖工况单位面积能耗量

$$=\sum_{j=1}^{m}(\text{第 } j \text{ 个热力表末次读数}-\text{该热力表首次读数})/(\text{标准煤热值}\times\text{项目实施后采暖建筑面积}) \quad (22\text{-}8)$$

式中，m 为项目中热力表数量；负荷系数取值为 0.9；标准煤热值取值为 8.14kW·h/kgce。

注：对于计划实施的项目，可按下式估算项目实施后冬季采暖工况单位面积能耗量（单位：$kgce/m^2$）。

项目实施后冬季采暖工况单位面积能耗量

$$=\text{设计热负荷}\times\text{负荷系数}\times\text{每天运行时间}\times\text{采暖期天数}/\text{标准煤热值} \quad (22\text{-}9)$$

式中，设计热负荷（单位：kW/m^2）应根据设计方案取值；负荷系数取值为 0.9；标准煤热值取值为 8.14kW·h/kgce。

b. 针对采用地源热泵、水源热泵系统采暖的项目，项目实施后采用当地冬季采暖周期内采暖设备电表首末次电表读数，计算项目改造后冬季采暖周期单位面积能耗量（单位：$kgce/m^2$），其计算公式如下：

热泵系统采暖应用项目实施后冬季采暖周期单位面积能耗量

$$=\sum_{i=1}^{n}(\text{第 } i \text{ 个电表末次读数}-\text{该电表首次读数})/\text{项目实施后采暖建筑面积}\times\text{电能折标煤系数} \quad (22\text{-}10)$$

式中，n 为项目中电表个数；电能折算标准煤的系数取值为 0.330kgce/（kW·h）（按中国电力企业联合会公布的 2011 年 6000kW 及以上电厂供电煤耗取值）。

注：对于计划实施的项目，可按下式估算项目实施后冬季采暖工况单位面积能耗量（单位：kgce/m^2）。

项目实施后冬季采暖工况单位面积能耗量
=设计热负荷 × 负荷系数 × 每天运行时间 ×
采暖期天数/制热性能系数× 电能折标煤系数 （22-11）

式中，设计热负荷（单位：kW/m^2）、制热性能系数应根据设计方案取值；负荷系数取值为0.9；电能折算标准煤的系数取值为0.330kgce/（kW·h）。

③冬季采暖工况节能量的确定

依据项目改造前后冬季采暖工况单位面积能耗量的差值，可计算项目实施后冬季采暖工况节能量（单位：tce），其公式如下：

冬季采暖工况节能量
=（项目实施前冬季采暖工况单位面积能耗量－项目实施后冬季采暖工况单位面积能耗量）× 项目实施后采暖建筑面积 ×10^{-3} （22-12）

（3）项目节能量的确定

根据夏季制冷工况和冬季采暖工况的节能量，可求得项目节能量（单位：tce），其计算公式如下：

项目节能量=夏季制冷工况节能量+冬季采暖工况节能量 （22-13）

4）证明材料

项目申请单位应提交以下证明材料：

a. 项目立项相关的证明材料。其中包括：项目立项批复文件，办公会决议，会议纪要等。

b. 项目节能量核算相关的支撑材料。

新建建筑节能工程项目应提供的支撑材料包括：建筑设计方案及设计图纸、能耗设备运行情况（表22-2）等。

节能改造工程项目应提供的支撑材料包括：项目改造前的能耗系统设计方案及图纸、能耗设备运行情况（表22–3）和制冷采暖系统用电量统计表（表22–4、表22–6）等，节能改造设计方案及图纸、能耗设备运行情况（表22–2）和制冷采暖系统用电量统计（表22–5、表22–7）、热力流量统计（表22–8）等。

节能建设方案及运行情况　表22–2

填表单位（公章）：　填表日期：　年　月　日

序号	工程名称	建筑面积（m^2）	设计冷负荷（kW/m^2）	设计热负荷（kW/m^2）	制冷期起止时间	制冷期每天运行时间（h）	采暖期起止时间	采暖期每天运行时间（h）	备注
1									
2									
…									

单位负责人：　审核人：　填表人：　联系电话：

注：1. 工程名称：指该项目的具体名称。

2. 建筑面积：指该项目的建筑面积。

3. 设计冷负荷和设计热负荷应根据设计方案进行取值。

4. 采暖期起止时间和制冷期起止时间：应根据本地区实际情况进行填写，如采暖期起止时间为“11.15–3.15”、制冷期起止时间为“5.15–9.15”。

节能改造前项目能耗及运行情况　表22–3

填表单位（公章）：　填表日期：　年　月　日

序号	工程名称	建筑面积（m^2）	设计冷负荷（kW/m^2）	设计热负荷（kW/m^2）	制冷期起止时间	制冷期每天运行时间（h）	采暖期起止时间	采暖期每天运行时间（h）	备注
1									
2									
…									

单位负责人：　审核人：　填表人：　联系电话：

节能改造前项目制冷采暖系统运行情况　　表 22-4

填表单位（公章）：　　填表日期：　　年　月　日

序号	设备型号	制冷性能系数	额定制冷功率（kW）	夏季日均开启时间（h）	制热性能系数	额定制热功率（kW）	冬季日均开启时间（h）	备注
1								
2								
…								

单位负责人：　　审核人：　　填表人：　　联系电话：

注：1. 设备型号：按采购合同或购置发票填写。

2. 制冷性能系数和制热性能系数：按设备说明书填写。

3. 额定制冷功率和额定制热功率：按设备说明书填写。

4. 统计周期应与表 22-2 中“制冷期起止时间”“采暖期起止时间”对应。

节能改造后项目制冷采暖系统运行情况　　表 22-5

填表单位（公章）：　　填表日期：　　年　月　日

序号	设备型号	制冷性能系数	额定制冷功率（kW）	夏季日均开启时间（h）	制热性能系数	额定制热功率（kW）	冬季日均开启时间（h）	备注
1								
2								
…								

单位负责人：　　审核人：　　填表人：　　联系电话：

节能改造前项目制冷采暖系统用电量统计　　表 22-6

填表单位（公章）：　　　　　　　　　　填表日期：　　年　月　日

序号	电表编号	记录日期	电表读数（kW·h）	备注
1				
2				
…				

单位负责人：　　　审核人：　　　填表人：　　　联系电话：

注：1. 本表每个电表填报一张，项目改造前应记录满一年的电表读数。

2. 记录日期应为每月的同一日期，另需夏季制冷期及冬季采暖期开始前一日记录一次、夏季制冷期及冬季采暖期结束后一日记录一次。

3. 电表读数：应为记录日期当天电表的实际读数。

4. 统计数据须出自申请单位的相关统计台账。

节能改造后项目制冷采暖系统用电量统计　　表 22-7

填表单位（公章）：　　　　　　　　　　填表日期：　　年　月　日

序号	电表编号	记录日期	电表读数（kW·h）	备注
1				
2				
…				

单位负责人：　　　审核人：　　　填表人：　　　联系电话：

注：1. 本表每个电表填报一张，应记录实际运行期的电表读数；

2. 记录日期应为每月的同一日期，另需夏季制冷期及冬季采暖期开始前一日记录一次、夏季制冷期及冬季采暖期结束后一日记录一次；

3. 电表读数：应为记录日期当天电表的实际读数；

4. 统计数据须出自申请单位的相关统计台账。

节能改造后项目集中供暖热力流量统计　　表 22-8

填表单位（公章）：　　填表日期：　　年　月　日

序　号	热力表编号	记 录 日 期	热力表读数（kW·h）	备　注
1				
2				
…				

单位负责人：　　审核人：　　填表人：　　联系电话：

注：1. 本表每个热力表填报一张，应记录实际运行期的热力流量表读数。

2. 记录日期应为每月的同一日期，另需冬季采暖期开始前一日记录一次、冬季采暖期结束后一日记录一次。

3. 热力表读数：应为记录日期当天热力表的实际读数。

4. 统计数据须出自申请单位的相关统计台账。

c. 项目材料、设备购置相关的证明材料。其中包括：材料及设备采购合同和设备购置发票等。

d. 项目完成时间相关的证明材料。其中包括：项目交工验收文件等。

23. 风能和太阳能在交通基础设施中的应用项目节能减排量核算技术细则

1）适用范围

本细则适用于公路、航道、港口、站场、收费站、服务区等附属设施使用风力发电、风光互补发电、太阳能光伏发电和太阳能热水类项目节能量的核算工作。

2）参考标准

（1）GB/T　2589—2008 综合能耗计算通则；

（2）GB/T　19960—2005 风力发电机组；

（3）GB/T　9115—2003 离网型户用风光互补发电系统；

（4）GB/T　25382—2010 离网型风光互补发电系统运行验收规范；

（5）GB/T 19939—2005 光伏系统并网技术要求；

（6）GB 50364—2005 民用建筑太阳能热水系统应用技术规范。

3）核算方法

（1）风能、太阳能发电项目节能量的确定

①项目节电量的确定

根据安装在使用风力发电系统、风光互补发电系统或太阳能光伏发电系统进行供电设备的电表，在实际运行期（不超过 365d）内首末次读数（单位：kW · h），确定使用风力发电系统、风光互补发电系统或太阳能光伏设备发电的实际用电量（单位：kW · h），可得出风能及太阳能发电用电终端设备日均用电量，以及核算期（365d）内项目的节电量，其计算公式如下：

$$\text{用电终端实际用电量} = \sum_{i=1}^{n}(\text{第}\ i\ \text{个电表末次电表读数} - \text{该电表首次电表读数}) \tag{23-1}$$

$$\text{日均用电量} = \text{实际用电量} / \text{发电天数项目节电量} = \text{日均发电量} \times 365 \tag{23-2}$$

式中，n 为项目中电表数量。

注：1. 如果项目运行期已满 1 年，可按下式计算项目节电量。

$$\text{项目节电量} = \sum_{i=1}^{n}(\text{第 i 个电表本年某日电表读数} - \text{该电表上年度同一日期电表读数}) \tag{23-3}$$

2. 对于计划实施的项目，项目节电量可按使用风能、风光互补系统或太阳能光伏设备用电终端设计功率（单位：kW）及全年设计运行时间（单位：h）进行估算：

$$\text{项目节电量} = \text{用电终端设计功率} \times \text{全年设计运行时间} \tag{23-4}$$

②项目节能量的确定

将项目节电量按照电力等价值折算为标准煤，即得到项目的节能量（单位：tce），其计算公式如下：

风力发电系统、风光互补发电系统或太阳能光伏发电项目节能量

= 项目节电量 × 电能折算标准煤的系数 ×10-3　　(23-5)

注：电能折算标准煤的系数取值为 0.330kgce/(kW·h)(按中国电力企业联合会公布的 2011 年 6000kW 及以上电厂供电煤耗取值)。

(2) 使用太阳能热水项目节能量的确定

①项目耗热量的确定

根据供热系统的日均用热水量(单位：L)、冷热水温度(单位：℃)计算年均耗热量(单位：kJ)，其公式如下：

项目耗热量

= 日均用热水量 × 水的比热容系数 ×

(热水温度 - 冷水温度) × 热水密度 ×365　　(23-6)

注：水的比热容系数取值为 4.187kJ/(kg·℃)，热水密度取值为 0.983kg/L。

②项目节能量的确定

将项目耗热量按照热量等价值转换为标准煤，即得到项目的节能量(单位：tce)，其计算公式如下：

使用太阳能热水项目节能量

= 项目耗热量 × 热力折算标准煤的系数 × 10^{-6}　　(23-7)

注：热力折算标准煤系数取值为 0.03412tce/GJ。

4）证明材料

项目申请单位应提交以下证明材料：

a. 项目立项相关的证明材料。其中包括：项目立项批复文件，办公会决议，会议纪要。

b. 项目节能量核算的相关支撑材料。其中包括：项目的相关设计方案(表

23–1、表 23–2)以及风力发电、风光互补发电、太阳能光伏发电月度统计(表 23–3) 。

c. 项目设备购置相关的证明材料。其中包括：风力发电、风光互补发电、太阳能发电、供热的相关设备汇总表(表 23–4),设备采购合同和设备购置发票等。

d. 项目完成时间相关的证明材料。其中包括：项目交工验收文件等。

风力发电、风光互补发电、太阳能光伏发电系统设计方案　　表 23–1

填表单位（公章）：　　　　　　填表日期：　　年　月　日

序号	安装地点	安装所在地纬度	装机容量（kW）	用能终端功率（kW）	用能终端年运行时间（h）	备注
1						
2						
…						

单位负责人：　　　审核人：　　　填表人：　　　联系电话：

注：1. 安装地点：指设备安装的具体位置，如 ×× 服务区、×× 公路收费站等。

2. 装机容量：指风力发电系统、风光互补发电系统、太阳能电池组件峰值功率。

3. 用能终端功率。指利用风力发电系统、风光互补发电系统、太阳能光伏设备发电供电的用能终端设计功率，可从终端铭牌或设计文件获取。

4. 用能终端年运行时间：指利用风力发电系统、风光互补发电系统或太阳能光伏设备发电供电用能终端的年工作小时数。

太阳能供热系统设计方案　　表 23–2

填表单位（公章）：　　　　　　填表日期：　　年　月　日

序号	安装地点	日均用热水量（L）	冷水温度（℃）	供热温度（℃）	备注
1					
2					
…					

单位负责人：　　　审核人：　　　填表人：　　　联系电话：

注：1. 安装地点：指设备安装的具体位置等。

2. 日均用热水量：指每人每次平均用热水量乘以使用人次，应从设计文件中获取。

3. 供热温度：指使用太阳能加热的热水温度。

风力发电系统、风光互补发电系统、太阳能光伏发电月度统计 表23–3

填表单位（公章）： 填表日期： 年 月 日

序号	电表编号	记录日期	电表读数（kW·h）	备注
1				
2				
…				

单位负责人： 审核人： 填表人： 联系电话：

注：1. 本表记录对象为安装在风力发电、风光互补、光伏发电进行供电设备的电表。

2. 本表每个电表填报一张，应记录实际运行期（最长不超过一年）的电表读数。

3. 记录日期应为每月的同一日期。

4. 电表读数：应为记录日期当天电表的实际读数。

5. 统计数据须出自申请单位的相关统计台账。

风力发电、风光互补发电、太阳能发电或太阳能供热系统相关设备汇总 表23–4

填表单位（公章）： 填表日期： 年 月 日

序号	设备名称	型号	单位	数量	设备单价（万元）	设备总价（万元）	购置日期	对应合同编码	对应发票号码	对应发票金额（万元）	备注
1											
2											
…											…
合计	—	—	—	—	—		—	—	—	—	—

单位负责人： 审核人： 填表人： 联系电话：

注：1. 设备名称、型号和设备单价均应按采购合同或发票中的货物名称或产品名称等相关信息进行填写。

2. 总价：指该种设备的总的购置费用，其计算公式为：总价 = 单价 × 数量。

3. 对应合同编码：指购买项目所用设备时签订的，包含该种设备的采购合同的编码。

4. 对应发票号码：指包含该种设备购置费用在内的发票号码。

5. 对应发票金额：指包含该种设备购置费用在内的发票总金额。

第二章
公路、水路交通运输装备领域

Gonglu Shuilu Jiaotong Yunshu
Zhuangbei Lingyu

第一节　道路运输装备

24. 天然气车辆应用项目节能减排量核算技术细则

1）适用范围

本细则适用于天然气车辆应用项目替代燃料量的核算。

2）参考标准

（1）GB/T 2589—2008 综合能耗计算通则；

（2）JT 711—2008 营运客车燃料消耗量限值及测量方法；

（3）JT 719—2008 营运货车燃料消耗量限值及测量方法。

3）核算方法

（1）总气耗的确定

根据天然气车辆的数量和每辆天然气车辆月度平均气耗量（单位：m^3），计算核算期（12 个月）内车辆天然气总气耗（单位：m^3），其计算公式如下：

$$\text{总气耗} = \Sigma \text{第}\ i\ \text{辆车月度平均气耗量} \times 12 \tag{24-1}$$

其中，第 i 辆车月度平均气耗量需根据每辆天然气车辆在实际运营期（不超过 12 个月）内的气耗量（单位：m^3）统计数据求得。

注：1. 运行期满 1 个月的车辆，若首月实际运行天数不足 25d，月均气耗量计算时可剔除首月数据；运行期不足 1 个月的，月均气耗量可按日

均气耗量乘以 25d 计算（出租车按 30d 按计算），其中，日均气耗量 = 实际气耗量 / 实际运行天数。

2. 本细则中的“天然气”均指 1 个大气压下，20℃时的天然气；1kg 液化天然气（LNG）按气化为 1.4m^3 天然气计算。

（2）替代能源当量比的确定

替代能源当量比，指在相同路况条件下，天然气车辆与燃油车辆完成相同运输量的能耗量之比。建议按固定当量比（取值 1.2m^3/kg）进行核算，即 1.2m^3 天然气相当于 1kg 柴油（按燃料热当量取值）。

（3）项目替代燃料量的确定

①替代柴油量的确定

将总气耗除以当量比，即可计算出替代柴油量（单位：kg），其计算公式如下：

项目替代柴油量 = 总气耗 / 当量比　　（24-2）

②替代燃料量的确定

将项目的替代柴油量折算为替代燃料量（单位：toe），其计算公式如下：

项目替代燃料量 = 项目替代柴油量 × 柴油折标油系数 × 10^{-3}　（24-3）

注：柴油折算标准油系数取值为 1.02kgoe/kg（根据 GB/T 2589—2008 计算所得）。

4）核算参考值

以下数值作为有关机构审核项目替代燃油量的参考，同一车型车辆的平均单耗和所有同类车辆（如营运客车、营运货车、城市公交车、出租车等）月均行程的平均值未超过参考值的按实际发生量据实计算，超过参考值的按参考值计算（不要求每辆车各月单耗和行程均不高于参考值）。

营运客车及出租车单耗参考值见表 24-1；营运货车单耗参考值见表

24-2。

月均行程参考值：营运客车为14000km，营运货车为20000km，城市公交车为6000km，出租车为10000km。

营运客车单耗参考值　　表24-1

车　型	车长L(m)	车辆等级	单耗（m^3/100km）
特大型	$L>12$	高级车	32.35
		中级及普通级车	31.79
大型	$11<L\leq 12$	高级车	30.76
		中级及普通级车	25.88
	$10<L\leq 11$	高级车	30.08
		中级及普通级车	24.63
	$9<L\leq 10$	高级车	28.38
		中级及普通级车	22.02
中型	$8<L\leq 9$	高级车	24.41
		中级及普通级车	19.64
	$7<L\leq 8$	高级车	22.70
		中级及普通级车	18.96
	$6<L\leq 7$	高级车	19.41
		中级及普通级车	16.23
小型	$L\leq 6$	高级车	16.35
		中级及普通级车	13.62

注：出租车单耗参考值为10m^3/100km。

营运货车单耗参考值　　表 24-2

车　型	车辆总质量 T（kg）	单耗（m^3/100km）
普通货车单车	$3500 < T \leq 5000$	14.30
	$5000 < T \leq 7000$	18.50
	$7000 < T \leq 9000$	21.34
	$9000 < T \leq 11000$	24.41
	$11000 < T \leq 13000$	27.02
	$13000 < T \leq 15000$	29.17
	$15000 < T \leq 17000$	31.10
	$17000 < T \leq 19000$	32.81
	$19000 < T \leq 21000$	34.28
	$21000 < T \leq 23000$	35.65
	$23000 < T \leq 25000$	36.89
	$25000 < T \leq 27000$	38.03
	$27000 < T \leq 29000$	39.16
	$29000 < T \leq 31000$	40.30
半挂列车	$T \leq 27000$	44.27
	$27000 < T \leq 35000$	45.29
	$35000 < T \leq 43000$	47.68
	$43000 < T \leq 49000$	48.81

续上表

车　型	车辆总质量 T（kg）	单耗（m^3/100km）
自卸单车	3500 < T ≤ 5000	15.36
	5000 < T ≤ 7000	19.07
	7000 < T ≤ 9000	22.66
	9000 < T ≤ 11000	25.64
	11000 < T ≤ 13000	28.11
	13000 < T ≤ 15000	29.97
	15000 < T ≤ 17000	31.45
	17000 < T ≤ 19000	32.32
	19000 < T ≤ 21000	32.95
	21000 < T ≤ 23000	33.32
	23000 < T ≤ 25000	33.69
	25000 < T ≤ 27000	34.55
	27000 < T ≤ 29000	35.91
	29000 < T ≤ 31000	38.51

5）证明材料

项目申请单位应提交以下证明材料：

a. 项目立项相关的证明材料。其中包括：项目立项批复文件，办公会决议，会议纪要等。

b. 项目替代燃料量核算相关的支撑材料。其中包括：车辆燃料消耗及行程月度统计（表 24–3 或表 24–4）、车辆月度平均气耗量统计（表 24–5）、加气凭证（如购气发票、加气小票或加气站盖章的电子记录单）等。

c. 车辆购置相关的证明材料。其中包括：天然气车辆的购置清单（表 24–6）、天然气车辆的购置合同和发票、车辆的机动车登记证书。

d. 项目完成时间相关的证明材料。其中包括：营运客车和营运货车的道路运输证，以及城市公交车和出租车的车辆营运证（如道路运输证等，若所在地区未发放此类证件，则以机动车登记证书为准）。

客运车辆燃料消耗及行程月度统计　　表 24–3

填表单位（公章）：　　　　填表日期：　　年　月　日

序号	车牌号	车长（m）	车辆等级	统计年月	月度行程（km）	月度气耗量（m^3）	备注
1							
2							
…							
合计	—	—	—	—			—

单位负责人：　　　审核人：　　　填表人：　　　联系电话：

注：1. 车长：出租车可不填写此项。

2. 车辆等级：指按照《营运客车类型划分及等级评定》（JT/T 325—2013）标准评定的车辆等级，即普通级、中级、高一级、高二级及高三级，城市公交车及出租车可不填写此项。

3. 月度行程：指单车在某统计月份内行驶的总里程数。

4. 月度气耗量：指单车在某统计月份内实际消耗的天然气量。

5. 备注中应说明车辆运营性质，如班线车、旅游车、城市公交车、城乡公交车、出租车等，如果为班线运输车辆请写明运行线路。

6. 该统计表中行程和气耗数据须出自申请单位的相关统计台账。

营运货车燃料消耗及行程月度统计

表 24–4

填表单位（公章）：　　　　　　　　填表日期：　　年　月　日

序号	车牌号	车型	总质量（kg）	统计年月	月度行程（km）	月度气耗量（m^3）	备注
1							
2							
…							
合计	—	—	—	—			—

单位负责人：　　　审核人：　　　填表人：　　　联系电话：

注：1. 车型：包括普通货车单车、半挂列车和自卸单车。

2. 总质量：依据《机动车登记证》填写，半挂列车指牵引车和挂车的组合，其总质量是指牵引车整备质量加上准牵质量。

3. 月度行程：指单车在某统计月份内行驶的总里程数。

4. 月度气耗量：指单车在某统计月份内实际消耗的天然气量。

5. 该统计表中行程和气耗数据须出自申请单位的相关统计台账。

车辆月度平均气耗量统计

表 24–5

填表单位（公章）：　　　　　　　　填表日期：　　年　月　日

序号	车牌号	月均行程（km）	月均气耗量（m^3）	单耗（m^3/100km）
1				
2				
…				
平均值	—	—		
合计	—		—	—

单位负责人：　　　审核人：　　　填表人：　　　联系电话：

注：1. 该表中月度平均气耗量、月均行程和百公里气耗应由车辆燃料消耗及行程月度统计表中的数据计算获得。

2. 单耗的计算公式为：单耗 =（月均气耗量 / 月均行程）× 100。

3. 用同类车辆（如营运客车、营运货车、城市公交车、出租车等）月均行程的平均值对照参考值进行超标判断。

4. 用同一车型单耗的平均值对照该车型的参考值进行超标判断（城市公交车除外）。

天然气车辆的购置清单　　表 24-6

填表单位（公章）：　　填表日期：　　年　月　日

序号	车牌号	车制造厂	厂牌型号	发动机号码	车辆识别代号/车架号码	购置时间	道路运输证发证时间	发票号码	购置费用（万元）	对应合同编码	燃料类型
1											
2											
…											

单位负责人：　　审核人：　　填表人：　　联系电话：

注：1. 厂牌型号指运输车辆出厂时厂家编制的车辆型号，发动机号码是指由车辆制造厂标注的发动机型号，车辆识别代号 / 车架号码是指由车辆制造厂为该车辆指定的一组字码（厂牌型号、发动机号码和车辆识别代号 / 车架号码均应与购车发票的信息保持一致）。

2. 购置时间：应填写购车发票中的“开票时间”，填写格式如“2015.01”。

3. 道路运输证的发证日期填写格式如“2015.01”，城市公交车及出租车可不填写此项。

4. 购置费用：填写购车发票上“价税合计”栏的金额。

5. 对应合同编码：指购买或改装天然气车辆时所签订的，包含该车辆在内的购置合同的合同编码。

6. 燃料类型：填写“LNG”或“CNG”。

25. 机动车驾驶培训模拟装置应用项目节能减排量核算技术细则

1）适用范围

本细则适用于机动车驾驶培训模拟装置应用项目替代燃料量的核算。

2）参考标准

GB/T 2589—2008 综合能耗计算通则。

3）核算方法

（1）各准驾车型每个学员使用模拟装置培训时间的确定

依据申请单位提供的采用驾驶培训模拟装置培训量月度统计数据，结合其所执行的行业、地方或自行制定的相关管理文件，核定各准驾车型每个学员采用驾驶培训模拟装置培训的学时数（单位：h/人）。

（2）培训人数的确定

根据申请单位提供的项目运行期内采用驾驶培训模拟装置培训量月度统计数据，参照申请单位拥有机动车驾驶培训教练车的数量等证明材料，核定申请单位在核算期（12个月）内各准驾车型采用驾驶培训模拟装置培训的学员数量（单位：人），其计算公式为：

$$\text{项目运行期内月平均培训人数} = \sum_{i=1}^{n}\text{第 } i \text{ 月采用驾驶模拟装置培训人数} / n \tag{25-1}$$

$$\text{核算期内培训人数} = \text{项目运行期内月平均培训人数} \times 12 \tag{25-2}$$

式中，n 为项目实际运行月数，且 $n \leqslant 12$。

注：如果项目中全部驾驶培训模拟装置的运行期均满1年，可按以下计算公式计算。

$$\text{核算期内培训人数} = \sum_{i=1}^{12}\text{第 } i \text{ 月采用驾驶模拟装置培训} \tag{25-3}$$

（3）替代燃料量的核定

①采用驾驶培训模拟装置培训每人每学时的平均替代燃料量的确定

对于不同准驾车型，采用驾驶培训模拟装置培训所产生的平均替代燃料量取值不同，其中，B1、C1、C2、C3准驾车型取2.5kgoe/h，A1、A2、

A3、B2 准驾车型取 2.9kgoe/h。

②某一准驾车型替代燃料量的确定

根据核算期内该准驾车型采用模拟装置培训的人数和每个学员采用模拟装置进行培训的时间，以及每人每学时的平均替代燃料量，可求得该准驾车型应用模拟装置进行培训所产生的替代燃料量（单位：toe），其计算公式如下：

$$\begin{aligned}&\text{某准驾车型替代燃料量}\\&=\text{每人每学时的平均替代燃料量}\times\text{培训人数}\times\\&\quad\text{该准驾车型每个学员模拟培训学时}\times 10^{-3}\end{aligned}\qquad(25\text{-}4)$$

③项目替代燃料量的确定

将求得的各准驾车型的替代燃料量进行加总，即得机动车驾驶培训模拟装置应用项目的替代燃料量（单位：toe），其计算公式如下：

$$\text{项目替代燃料量}=\Sigma\,\text{各准驾车型替代燃料量}\qquad(25\text{-}5)$$

4）证明材料

项目申请单位应提交以下证明材料：

a. 项目立项相关的证明材料。其中包括：项目立项批复文件，或者办公会决议，或者会议纪要等。

b. 项目替代燃料量核算相关的支撑材料。其中包括：采用驾驶培训模拟装置培训量月度汇总（表 25–1）、拥有机动车驾驶教练车数量汇总（表 25–2）及机动车驾驶教练车证复印件、培训机构采用驾驶模拟装置进行培训所依据的相关管理文件复印件（若按《机动车驾驶培训教学与考试大纲》执行，可不提交该文件，其相关要求见表 25–3）、学员参加模拟驾驶培训的学时记录信息等。

c. 驾驶培训模拟装置购置相关的证明材料。其中包括：驾驶培训模拟装置的购置清单（表 25–4）、驾驶培训模拟装置采购合同和发票等。

采用驾驶培训模拟装置培训量月度汇总　　表 25-1

填表单位（公章）：　　填表日期：　　年　月　日

序号	统计年月	准驾车型	培训内容	每个学员模拟培训学时（h/人）	培训人数（人）	培训总学时（h）
1						
2						
…						
合计		—	—	—		

单位负责人：　　审核人：　　填表人：　　联系电话：

注：1. 准驾车型：应按公安部有关文件的规定填写。

2. 培训内容：指某准驾车型采用驾驶培训模拟装置进行培训的科目等内容。

3. 每个学员模拟培训学时：指某准驾车型的每个学员采用驾驶培训模拟装置培训的学时数。

4. 培训人数：指在该统计月份内某准驾车型的培训人数。

5. 培训总学时：指在该统计月份内某准驾车型采用驾驶培训模拟装置进行培训学员的总学时，为每个学员培训学时与该统计月份内的培训人数的乘积。

6. 该汇总表中培训学时、培训人数等数据应出自培训机构的培训台账。

拥有机动车驾驶教练车数量汇总　　表 25-2

填表单位（公章）：　　填表日期：　　年　月　日

序号	车牌号	标识号	厂牌型号	车辆类型	核定学员数	登记日期
1						
2						
…						

单位负责人：　　审核人：　　填表人：　　联系电话：

注：表中信息均按机动车驾驶教练车证进行填写。

《机动车驾驶培训教学与考试大纲》规定可采用驾驶培训模拟装置培训学时　　表 25-3

<table>
<tr><th rowspan="2">可模拟培训的阶段</th><th rowspan="2">教学内容</th><th rowspan="2">教学目标</th><th colspan="8">学时安排（h）</th></tr>
<tr><th>C1</th><th>C2</th><th>C3</th><th>C4</th><th>B2</th><th>A3</th><th>A1 B1</th><th>A2</th></tr>
<tr><td rowspan="6">科目一基础驾驶</td><td>驾驶姿势</td><td>掌握正确的驾驶姿势要领</td><td rowspan="3">2</td><td rowspan="2">2</td><td rowspan="3">1</td><td rowspan="3">0.5</td><td rowspan="3">2</td><td rowspan="3">2</td><td rowspan="3">2</td><td rowspan="3">1</td></tr>
<tr><td rowspan="4">操纵装置的操作</td><td>掌握转向盘、变速器操纵杆、驻车制动装置、行车制动装置、加速操纵装置的安全操作方法；
掌握照明和信号及其他操纵装置的操作方法</td></tr>
<tr><td>掌握离合器踏板的安全操作方法</td><td>*</td></tr>
<tr><td>掌握转向盘、制动和加速迁延控制手柄的正确操作方法；
掌握制动和加速迁延控制踏板的正确操作方法；
掌握照明和信号装置及其他操纵装置的正确操作方法</td><td rowspan="2">*</td><td rowspan="2">*</td><td rowspan="2">*</td><td rowspan="2">*</td><td rowspan="2">*</td><td rowspan="2">*</td><td rowspan="2">*</td><td rowspan="2">*</td></tr>
<tr><td>掌握转向盘、转向盘控制辅助手柄、制动和加速迁延控制手柄、转向信号灯迁延开关的正确操作方法；
掌握驻车制动辅助手柄、照明和信号装置及其他操纵装置的正确操作方法</td></tr>
<tr><td>行车前车辆检查与调整</td><td>掌握调整座椅、头枕、后视镜和系、松安全带的正确方法；
掌握检查操纵装置、起动发动机、检查仪表、停熄发动机的正确方法</td><td>1</td><td>1</td><td>1</td><td>1</td><td>1</td><td>1</td><td></td><td></td></tr>
</table>

续上表

可模拟培训的阶段	教学内容	教学目标	学时安排（h）							
			C1	C2	C3	C4	B2	A3	A1 B1	A2
科目三模拟驾驶	驾驶行为综合分析与判断	能够对常见驾驶陋习和违法行为进行综合分析与判断	2	2	2	1	2	2	2	2
	恶劣条件下的驾驶	掌握在雨天、雾天、冰雪路面、泥泞道路、涉水等恶劣条件下安全驾驶的要领和方法	1	1	1	1	1	2	1	1
	山区道路驾驶	掌握山区道路安全驾驶的要领和方法								
	高速公路驾驶	掌握高速公路安全驾驶的要领和方法	1	1	*	*	1	1	1	1
合计	—		7	7	5	3.5	7	8	6	5

注：据《机动车驾驶培训教学与考试大纲》整理。

驾驶培训模拟装置购置清单 表25-4

填表单位（公章）： 填表日期： 年 月 日

序号	装置编号	生产企业	型号	购置时间	发票号码	对应合同编码
1						
2						
…						

单位负责人： 审核人： 填表人： 联系电话：

注：1. 装置编号：指培训机构给设备或装置的统一编号。

2. 生产企业：指驾驶培训模拟装置的生产企业。

3. 型号：指驾驶培训模拟装置的出厂型号。

4. 购置时间：应填写购装置发票中的“开票时间”。

5. 发票号码：指购装置发票的发票号码。

6. 对应合同编码：指购装置时所签订的，包含该驾驶培训模拟装置在内的购置合同的合同编码。

26. 绿色汽车维修技术应用项目投资额核算技术细则

1）适用范围

本细则适用于绿色汽车维修技术应用项目设备购置费的核算。

2）核算方法

（1）项目设备购置清单的确定

依据专项决算审计报告、“绿色维修技术所需主要设施设备一览表”（表26-1），以及相关设备的采购合同和设备购置发票，填写“项目设备购置清单（设备一览表中设备）”（表26-2）。

绿色维修技术所需主要设施设备一览表　　表26-1

分　类	主要设备和材料
绿色机电维修技术	超声波清洗设备
	制冷剂回收、净化、加注设备
	制冷剂鉴别设备
	调试车间或工位尾气收集净化设施、装置
	汽车故障电脑诊断仪
	内窥镜
	异响诊断仪
	免拆清洗修复设备
	底盘测功机（用于测量排放和油耗）
	碳平衡油耗仪
绿色钣金技术	等离子切割设备
	点焊机
	二氧化碳保护焊机

续上表

分　类	主要设备和材料
绿色钣金技术	车身精密测量设备
	车身整形机
	铝合金车身修复成套设备
绿色涂漆技术	节能环保烤漆房
	无尘干磨设备
	水性漆喷涂设备（如喷枪、滤芯等）
	洗枪机
	稀料回收再利用设备
其他绿色维修技术	集中供气系统建筑设施、空压机等设备
	节水外部清洗机或洗车水循环利用设施、设备

项目设备购置清单（设备一览表中设备） 表26–2

填表单位（公章）： 填表日期： 年 月 日

序号	设备名称	型号	单位	数量	设备单价（万元）	设备总价（万元）	购置日期	对应合同编码	对应发票号码	对应发票金额（万元）	备注
1											
2											
…											
合计	—	—	—	—	—		—	—	—	—	—

单位负责人： 审核人： 填表人： 联系电话：

注：1. 该表中所列设备应与表26–1中“主要设备和材料”相对应。

2. 设备名称、型号和设备单价均应按采购合同或发票中的货物名称或产品名称等相关信息进行填写。

3. 设备总价：指该类设备的总的购置费用，其计算公式为：设备总价 = 设备单价 × 数量。

4. 对应合同编码：指购买项目所用设备时签订的，包含该种设备的采购合同的合同编码。

5. 对应发票号码：指包含该种设备购置费用在内的发票的发票号码。

6. 对应发票金额：指包含该种设备购置费用在内的发票的票面总金额。

对于表 26–1 中不包含的设备，经实地核查或专家研讨确认为项目范围内的，可纳入项目范围，但须填写“项目设备购置清单（设备一览表中未包含设备）”（表 26–3），并说明理由。

项目设备购置清单（设备一览表中未包含设备）　　表 26–3

填表单位（公章）：　　　　　　填表日期：　　年　月　日

序号	设备名称	型号	单位	数量	设备单价（万元）	设备总价（万元）	购置日期	对应合同编码	对应发票号码	对应发票金额（万元）	备注
1											
2											
…											
合计	—	—	—	—	—		—	—	—	—	—

单位负责人：　　审核人：　　填表人：　　联系电话：

注：1. 该表主要填写无法与表 26–1 中“主要设备和材料”相对应的设备。

2. 该表中所列设备均须逐项说明其在系统中的功能，相关说明另附。

3. 其他注释见表 26–2。

（2）设备购置费的确定

根据项目设备购置清单，计算出相应的设备购置费总额（单位：万元），其计算公式如下：

$$\text{某类设备总价（单位：万元）} = \text{设备单价} \times \text{数量} \tag{26-1}$$

$$\text{设备购置费总额} = \Sigma\,\text{各类设备总价} \tag{26-2}$$

3）证明材料

项目申请单位应提交以下证明材料：

a. 项目立项相关的证明材料。其中包括：项目立项批复文件，办公会决议，会议纪要等。

b. 项目设备购置相关的证明材料。其中包括：项目设备购置清单（表26–2 或 26–3）、设备采购合同和设备购置发票等。

c. 项目投资相关的证明材料。其中包括专项决算审计报告等。

27. 公共自行车服务系统应用项目节能减排量核算技术细则

1）适用范围

本细则适用于公共自行车服务系统应用项目节能量的核算。

2）核算方法

（1）公共自行车服务量的确定

根据核算期内在用公共自行车总量（单位：辆），以及自行车租还记录，计算核算期内在用公共自行车 1 年度的总服务量（单位：万人次）。

$$\text{总服务量} = \text{月平均服务量} \times 12 \qquad (27\text{–}1)$$

$$\text{月平均服务量} = \sum_{i=1}^{n} \text{在用自行车第}\ i\ \text{月服务量} / n \qquad (27\text{–}2)$$

注：在用自行车第 i 月服务量根据公共自行车系统每日统计数据计算，以一个租还量（辆次）计为一个人次。

（2）项目节能减排量的确定

以公交车出行和出租车出行作为参照，计算的项目的节能量（单位：tce），其计算公式为：

$$\begin{aligned}&\text{项目节能量}\\&=(\text{公交出行向公共自行车出行的转移比例} \times \\&\text{公交出行单位能源消耗量} + \text{出租车出行向公共自行车出行的转移比例} \times \\&\text{出租车出行单位能源消耗量}) \times \text{公共自行车服务量}\end{aligned} \qquad (27\text{–}3)$$

式中，公交出行向公共自行车出行的转移比例和出租车出行向公共自行车出行的转移比例依据该地区公交出行分担率和出租车出行分担率进行估算；公交出行单位能源消耗量和出租车出行单位能源消耗量由项目所在地城市交通运输主管部门根据实际情况确定。

3）证明材料

项目申请单位应提交以下证明材料：

a. 项目立项相关的证明材料。其中包括：项目立项批复文件，办公会决议，会议纪要等。

b. 项目节能量核算相关的支撑材料。其中包括公共自行车租还信息月度统计（表 27–1）等。

c. 自行车购置相关的证明材料。其中包括：自行车公共服务系统设备购置清单（表 27–2）、设备购置合同和发票等。

公共自行车租还信息月度统计　　表 27–1

填表单位（公章）：　　　　填表日期：　　年　月　日

序号	统计日期	当日租车量（辆次）	当日还车量（辆次）	异常情况	备注
1					
2					
…					
31					
合计					

单位负责人：　　审核人：　　填表人：　　联系电话：

注：1. 当日租车量和当日还车量需填写公共自行车服务系统记录的该日全部租车量和还车量。

2. 异常情况是指公共自行车服务系统在该日所出现的异常情况，特别是使租车量和还车量发生较大变化的情况。

自行车公共服务系统设备购置清单 表 27–2

填表单位（公章）： 填表日期： 年 月 日

序号	设备名称	型号	单位	数量	设备单价（万元）	设备总价（万元）	购置日期	对应合同编码	对应发票号码	对应发票金额（万元）	备注
1											
2											
…											…
合计	—	—	—	—	—		—	—	—	—	—

单位负责人： 审核人： 填表人： 联系电话：

注：1. 设备名称、型号和设备单价均应按采购合同或发票中的货物名称或产品名称等相关信息进行填写。

2. 总价：指该种设备的总的购置费用，其计算公式为：总价 = 单价 × 数量。

3. 对应合同编码：指购买项目所用设备时签订的，包含该种设备的采购合同的合同编码。

4. 对应发票号码：指包含该种设备购置费用在内的发票的发票号码。

5. 对应发票金额：指包含该种设备购置费用在内的发票的票面总金额。

28. 有轨电车应用项目节能减排量核算技术细则

1）适用范围

本细则适用于有轨电车应用项目产生的替代燃料量的核算工作。

2）参考标准

（1）GB/T 2589—2008 综合能耗计算通则；

（2）GB/T 30012—2013 城市轨道交通运营管理规范。

3）核算方法

（1）月均用电量的确定

根据每条有轨电车线路的月度用电量，计算该线路的月均用电量（单位：kW · h），其计算公式如下：

$$月均用电量=\sum_{i=1}^{n}第\ i\ 月月度用电量/n \qquad (28\text{-}1)$$

式中，n 为线路实际运行月数，且 $n \leqslant 12$。

注：线路运行期满 1 个月的车辆，若首月实际运行不足 30d，计算月均用电量时，可剔除首月的月度用电量数据；运行期不足 1 个月的，月均用电量可按日均用电量乘以 30d 计算。

（2）核算期内用电量的确定

根据每条有轨电车线路的月均用电量（单位：kW · h），计算核算期（12 个月）内用电量（单位：kW · h），其计算公式如下：

$$核算期内用电量=\sum_{j=1}^{m}第\ j\ 条线路月均用电量\times 12 \qquad (28\text{-}2)$$

式中，m 为有轨电车线路数量。

（3）项目替代燃料量的确定

将核算期内用电量折算为替代燃料量（单位：toe），其计算公式如下：

$$项目替代燃料量=核算期内用电量\times 电能折标油系数\times 10^{-3} \qquad (28\text{-}3)$$

注：电能折算标准油的系数取值为 0.231kgoe/（kW · h）（根据中国电力企业联合会公布的 2011 年 6000kW 及以上电厂供电煤耗取值 0.330kgce/（kW · h），除以 GB/T 2589—2008 中标油和标煤的折算系数 1.428kgce/kgoe 所得）。

4）证明材料

项目申请单位应提交以下证明材料：

a. 项目立项相关的证明材料。其中包括：项目立项（开工进行线路建设）批复文件、有轨电车线路正式运营的批复文件等。

b. 有轨电车购置相关证明材料。其中包括：有轨电车的车辆清单（表28–1），以及有轨电车的单车验收文件等。

c. 项目替代燃料量核算相关的支撑材料。其中包括：有轨电车月度用电量统计（表28–2）、有轨电车月均用电量统计（表28–3）、有轨电车运行里程和用电量统计台账等。

有轨电车购置清单

表28–1

填表单位（公章）： 填表日期： 年 月 日

序号	线路名称	线路运营批准时间	单车编号	生产企业	车辆型号	车长（m）	额定载客人数	单车验收时间
1								
2								
…								

单位负责人： 审核人： 填表人： 联系电话：

注：1. 单车编号：填写有轨电车运营企业对单车唯一性进行识别编号。

2. 车辆型号：填写生产企业编制的车辆型号。

3. 线路运营批准时间：填写上级单位批准线路开通文件的发文时间，填写格式如“2015.01”。

4. 单车验收时间：填写有轨电车单车验收合格证书的开具时间，填写格式如“2015.01”。

有轨电车月度用电量统计　　表 28–2

填表单位（公章）：　　填表日期：　年　月　日

序号	线路名称	单车数量（台）	统计年月	线路月度行程（km）	线路月度用电量（kW · h）	备注
1						
2						
…						
合计	—	—	—	—		—

单位负责人：　　审核人：　　填表人：　　联系电话：

注：1. 单车数量：指该条线路上的正常运营的有轨电车单车数量。

2. 线路月度行程：指该统计月份内线路上所有单车实际正常运行的里程之和，不包括车辆进厂维修及试运行里程，可通过线路运行时刻表进行统计。

3. 线路月度用电量：指该统计月份内线路上所有单车实际正常运营的用电量之和，不包含车辆进厂维修及试运行的用电量，可通过安装在线路上的电表读取。

4. 该统计表中数据应出自申请单位的相关统计台账。

有轨电车月均用电量统计　　表 28–3

填表单位（公章）：　　填表日期：　年　月　日

序号	线路名称	月均用电量（kW · h）
1		
2		
…		
合计	—	

单位负责人：　　审核人：　　填表人：　　联系电话：

注：月均用电量应为某线路表 28–2 中各线路月度用电量的平均值。

29. 混合动力电动汽车应用项目节能减排量核算技术细则

1）适用范围

本细则适用于非插电式混合动力电动汽车（含油电、气电混合动力电动汽车）应用项目节能减排量的核算工作。

2）参考标准

GB/T 2589—2008 综合能耗计算通则。

3）核算方法

（1）非插电式油电混合动力电动汽车应用项目

非插电式油电混合动力电动汽车（以下简称油电混合动力车）应用项目应按项目节能量进行核算。

①某一车型节油率的确定

根据汽车制造企业提供的由具有相关资质的权威检测机构出具的《节能与新能源汽车技术认定检验报告》，确定项目申报车辆中每个车型的节油率。

②某一车型核算期内油耗量的确定

根据某一车型的申报车辆数，以及每辆车的月度行程（单位：km）和月度油耗量（单位：L），计算该车型核算期（12个月）内油耗量（单位：L），其计算公式如下：

$$\text{某一车型核算期内油耗量} = \sum_{i=1}^{n} \text{该车型第}\ i\ \text{辆车月均油耗量} \times 12 \tag{29-1}$$

式中，n 为该车型总的车辆数。

注：运行期满 1 个月的车辆，若首月实际运行不足 25d，月均油耗量计算时可剔除首月数据；运行期不足 1 个月的车辆，月均油耗量可按日均油耗量乘以 25d 计算。

③某一车型节油量的确定

根据单个车型节油率（单位：%）及核算期内油耗量（单位：L），确定该车型节油量（单位：L），其计算公式如下：

单个车型节油量

= 该车型核算期内油耗量 × 该车型节油率 /（1- 该车型节油率）　（29-2）

④项目节油量的确定

根据项目申报的所有车型节油量之和确定项目节油量（单位：L），其计算公式如下：

$$项目节油量 = \sum_{j=1}^{m} 第\ j\ 个车型节油率 \qquad (29\text{-}3)$$

式中，m 为项目中车型种类总数。

⑤项目节能量的确定

根据项目节油量折算为项目节能量（单位：tce），其计算公式如下：

$$项目节能量 = 项目节油量 \times 燃油密度 \times 燃油折标煤系数 \times 10^{-3} \qquad (29\text{-}4)$$

注：汽油密度取值 0.74kg/L，柴油密度取值 0.86kg/L；根据 GB/T 2589—2008，汽油折标煤系数取值 1.4714kgce/kg，柴油折标煤系数取值 1.4571kgce/kg。

（2）非插电式气电混合动力电动汽车应用项目

非插电式气电混合动力电动汽车（以下简称气电混合动力车）应用项目应按项目替代燃料量进行核算。

①核算期内气耗量的确定

根据申报车辆类型，以及车辆月度平均气耗量（单位：m^3），计算核算期（12 个月）内气耗量（单位：m^3），其计算公式如下：

$$核算期内气耗量=\sum_{k=1}^{p}第\ k\ 辆车月均气耗量\times 12 \tag{29-5}$$

式中，p 为车辆总数量；第 k 辆车月度平均气耗量需根据每辆车在实际运营期（不超过 12 个月）内的气耗量（单位：m^3）统计数据求得。

注：运行期满 1 个月的车辆，若首月实际运行不足 25d，月均气耗量计算时可剔除首月数据；运行期不足 1 个月的，月均气耗量可按日均气耗量乘以 25d 计算。

②项目替代柴油量的确定

根据核算期内气耗量以及当量比，计算项目替代柴油量（单位：kg），其计算公式如下：

$$项目替代柴油量=核算期内气耗量/当量比 \tag{29-6}$$

式中，当量比取值 $1.2m^3/kg$，即 $1.2m^3$ 天然气相当于 1kg 柴油（按燃料热当量取值）。

③项目替代燃料量的确定

将项目替代柴油量折算为项目替代燃料量（单位：toe），其计算公式如下：

$$项目替代燃料量=项目替代柴油量\times柴油折标油系数\times10^{-3} \tag{29-7}$$

注：根据 GB/T 2589—2008，柴油折算标准油系数取值为 1.02kgoe/kg。

4）证明材料

项目申请单位应提交以下证明材料：

a. 项目立项相关的证明材料。其中包括：项目立项批复文件，办公会决议，会议纪要等。

b. 车辆购置相关的证明材料。其中包括：非插电式混合动力电动汽车购置清单（表 29-1）、车辆的购置合同和发票、车辆的机动车登记证、道路运输证等。

c. 项目节能量核算相关的支撑材料。

油电混合动力车应用项目包括《节能与新能源汽车技术认定检验报告》、非插电式油电混合动力电动汽车车型节油率统计（表 29–2）、非插电式油电混合动力电动汽车燃料消耗及行程月度统计（表 29–3）、非插电式油电混合动力电动汽车月度平均油耗量统计（表 29–4），以及车辆运行台账和加油凭证等。

气电混合动力公交车应用项目包括气电混合动力公交车燃料消耗及行程月度统计（表 29–5）、气电混合动力公交车月度平均气耗量统计（表 29–6）、车辆运行台账和加气凭证等。

非插电式混合动力电动汽车购置清单　　表 29–1

填表单位（公章）：　　填表日期：　　年　月　日

序号	车牌号	车辆制造厂	厂牌型号	混合动力类型	车辆识别代码 / 车架号	购置时间	道路运输证发证日期	发票号码	购置合同编码
1									
2									
…									

单位负责人：　　审核人：　　填表人：　　联系电话：

注：1. 厂牌型号指车辆出厂时厂家编制的车辆型号，车辆识别代号 / 车架号码是指由车辆制造厂为该车辆指定的一组字码（厂牌型号和车辆识别代号 / 车架号码均应与购车发票的信息保持一致）。

2. 混合动力类型应根据车辆燃料类型填写“油电”或“气电”。

3. 购置时间：应填写购车发票中的“开票时间”，填写格式如“2015.01”。

4. 发票号码：指购车发票的发票号码。

5. 对应合同编码：指购买车辆时所签订的，包含该车辆在内的购置合同的合同编码。

非插电式油电混合动力电动汽车车型节油率统计　　表 29-2

填表单位（公章）：　　　　填表日期：　　年　月　日

序号	厂牌型号	汽车制造厂	检测机构名称	检测报告日期	车型节油率（%）
1					
2					
…					

单位负责人：　　审核人：　　填表人：　　联系电话：

注：表内信息均由《节能与新能源汽车技术认定检验报告》得到。

非插电式油电混合动力电动汽车燃料消耗及行程月度统计　　表 29-3

填表单位（公章）：　　　　填表日期：　　年　月　日

序号	厂牌型号	车牌号	统计年月	月度行程（km）	月度油耗量（L）	备注
1						
2						
…						
合计	—	—	—			

单位负责人：　　审核人：　　填表人：　　联系电话：

注：1. 将同一厂牌型号的车辆排列在一起。

2. 月度行程：指该统计月份内车辆在实际工作中所行驶的总里程数，不包括因进行保养、修理而进出维修厂及试车的里程。

3. 月度总油耗量：该统计月份内该运输生产车辆实际消耗的汽 / 柴油量。

4. 表中行程和油耗数据须出自申请单位的相关统计台账。

非插电式油电混合动力电动汽车月度平均油耗量统计　　表 29–4

填表单位（公章）：　　　　　　　　　填表日期：　　年　月　日

序号	车型编号	车牌号	月均行程（km）	月均油耗量（L）	单耗（L/100km）
1					
2					
…					
合计		—			—

单位负责人：　　　审核人：　　　填表人：　　　联系电话：

注：1. 月均行程是根据表 29–3 中的月度行程计算得到。

2. 月均油耗量是根据表 29–3 中的月度油耗量计算得到。

3. 单耗是用月均油耗量除以月均行程计算得到。

非插电式气电混合动力电动汽车燃料消耗及行程月度统计　　表 29–5

填表单位（公章）：　　　　　　　　　填表日期：　　年　月　日

序号	车牌号	统计年月	月度行程（km）	月度气耗量（m^3）	备注
1					
2					
…					
合计	—	—			—

单位负责人：　　　审核人：　　　填表人：　　　联系电话：

注：1. 月度行程：指该统计月份内车辆在实际工作中所行驶的总里程数，不包括因进行保养、修理而进出维修厂及试车的里程。

2. 月度气耗量：指该统计月份内该运输生产车辆实际消耗的天然气量。

3. 该统计表中行程和气耗数据须出自申请单位的相关统计台账。

非插电式气电混合动力电动汽车月度平均气耗量统计　　表 29-6

填表单位（公章）：　　　　填表日期：　　年　月　日

序号	车牌号	月均行程（km）	月均气耗量（m^3）	单耗（m^3/100km）
1				
2				
…				
合计	—			—

单位负责人：　　审核人：　　填表人：　　联系电话：

注：1. 月均行程是根据表 29-5 中的月度行程计算得到。

2. 月均气耗量是根据表 29-5 中的月度气耗量计算得到。

3. 单耗是用月均气耗量除以月均行程计算得到。

第二节　水路运输装备

30. 天然气船舶应用项目节能减排量核算技术细则

1）适用范围

本细则适用于以天然气为燃料的客货运输船舶替代燃料量的核算。

2）参考标准

GB/T 2589—2008 综合能耗计算通则。

3）核算方法

（1）总气耗的确定

根据天然气船舶的数量和每艘天然气船舶月度平均气耗量(单位: m^3),计算核算期(12个月)内船舶天然气总气耗(单位: m^3),其计算公式如下:

总气耗 = Σ第 i 艘船舶月度平均气耗量 ×12　　（30-1）

式中，第 i 艘船舶月度平均气耗量需根据每艘天然气船舶在实际运行期（不超过12个月）内的气耗量（单位：m^3）统计数据求得。

注：1.本细则中的“天然气”均指1个大气压下，20℃时的天然气；1kg液化天然气（LNG）按气化为1.4m^3天然气计算。

2.如果项目中全部天然气船舶的运行期均满1年，可按以下计算公式计算项目总气耗。

$$总气耗 = \sum_{i=1}^{n} \sum_{j=1}^{12} 第\ i\ 艘天然气船舶第\ j\ 月气耗量 \qquad (30\text{-}2)$$

式中，n 为项目中包含的天然气船舶数。

（2）替代能源当量比的确定

替代能源当量比，指在相同运输环境条件下，天然气船舶与燃油船舶完成相同运输量的能耗量之比。项目的当量比应依据船舶实际运行情况，经测算后确定。

注：如未经第三方机构审核，建议按固定当量比（取值1.2m^3/kg）进行核算，即1.2m^3天然气相当于1kg柴油（按燃料热当量取值）。

（3）项目替代燃料量的确定

①替代柴油量的确定

将总气耗除以当量比，即可计算出替代柴油量（单位：kg），其计算公式如下：

项目替代柴油量 = 总气耗 / 当量比　　（30-3）

②替代燃料量的确定

将项目的替代柴油量折算为替代燃料量(单位: toe),其计算公式如下:

项目替代燃料量 = 项目替代柴油量 × 柴油折标油系数 ×10^{-3}　　（30-4）

注：柴油折算标准油系数取值为 1.02kgoe/kg（根据 GB/T 2589—2008 计算所得）。

4）证明材料

项目申请单位应提交以下证明材料：

a. 项目立项相关的证明材料。其中包括：项目立项批复文件，办公会决议，会议纪要等。

b. 项目替代燃料量核算相关的支撑材料。其中包括：船舶燃料消耗及行程月度统计（表 30–1）、船舶月度平均气耗量统计（表 30–2）、购气发票等。

船舶燃料消耗及行程月度统计　　表 30–1

填表单位（公章）：　　填表日期：　年　月　日

序号	船名	载重吨位、集装箱箱位量或载客位	总功率（kW）	统计年月	总行程（km）	实际总气耗量（m^3）	其他燃料（柴油）消耗量（L）	备注
1								
2								
…								
合计	—	—	—	—			—	—

单位负责人：　　审核人：　　填表人：　　联系电话：

注：1. 载重吨位、集装箱箱位量或载客位：指内河运输船舶的核定总载重吨位、集装箱箱位或客位数，单位分别为 t、TEU 或人（填表时需注明）。

2. 总功率：指船舶主机和发电机功率之和。

3. 实际总气耗量：指该统计月份内该内河运输船舶实际消耗的天然气量。

4. 对于混合动力船，在“其他燃料（柴油）消耗量”中填写船舶实际运行中消耗柴油的数量，如果用到柴油以外的燃料，请在“备注”一栏中写明其类型和数量。

5. 该统计表中行程和气耗数据须出自申请单位的相关统计台账。

船舶月度平均气耗量统计 表 30–2

填表单位（公章）： 填表日期： 年 月 日

序号	船名	月度平均气耗量（m^3）
1		
2		
…		
合计	—	

单位负责人： 审核人： 填表人： 联系电话：

注：1. 该表中月度平均气耗量由船舶燃料消耗及行程月度统计表中的数据计算获得。

2. 如果项目中全部天然气船舶的运行期均满 1 年，可不提交本表。

c. 船舶购置（或改装）相关的证明材料。其中包括：天然气船舶的购置（或改装）清单（表 30–3）、天然气船舶的购置（或改装）合同和发票等、船舶改造合格证明文件。

天然气船舶的购置（或改装）清单 表 30–3

填表单位（公章）： 填表日期： 年 月 日

序号	船名	船舶类型	购置（或改装）时间	发票号码	对应合同编码	燃料类型
1						
2						
…						

单位负责人： 审核人： 填表人： 联系电话：

注：1. 船舶类型：指船舶分类标准，如一般客船、高速客船、旅游船、客货船、其他客船、干货船、液货船、集装箱船、滚装船、多用途船、其他货船等。

2. 购置（或改装）时间：应填写购船（或改装）发票中的“开票时间”，填写格式如：2015.01。

3. 发票号码：指购船（或改装）发票的发票号码。

4. 对应合同编码：指购买或改装天然气船舶时所签订的，包含该船舶在内的购置（或改装）合同的合同编码。

5. 燃料类型：若为纯天然气船舶需填写“LNG”或“CNG”，若为混合动力船需写明使用燃料的全部类型。

31. 营运船舶节能技术应用项目节能减排量核算技术细则

1）适用范围

本细则适用于营运船舶通过节能技术改造提高能效的项目节能量的核算，主要针对船舶动力装置节能改造和船舶设备节能改造类项目。

本细则所指项目能耗仅包括营运船舶的正常航行、停靠，对于跨年度航次其能耗量不计入节能减排量核算。

2）参考标准

（1）GB/T 2589—2008 综合能耗计算通则；

（2）GB/T 13234—2009 企业节能量计算方法。

3）核算方法

（1）单位节能量的计算

①项目实施前单船单位能耗量的确定

利用项目实施前单船每航次所有航段的能耗量（单位：tce）和单位量，确定项目实施前一年每条船的单位能耗量，其计算公式如下：

$$项目实施前单船年度能耗量=\sum_{i=1}^{n}项目实施前单船第\,i\,航次能耗量 \quad (31-1)$$

$$项目实施前单船年度单位量=\sum_{i=1}^{n}项目实施前单船第\,i\,航次单位量 \quad (31-2)$$

$$项目实施前单船单位能耗量=项目实施前单船年度能耗量/项目实施前单船年度单位量 \quad (31-3)$$

式中，$i=1\cdots n$，代表航次号，第 i 航次单位量 $=\sum_{k=1}^{n}$ 第 k 航段单位量。

注：1. 航段指从一港出发至下一港出发的时间段，船舶每航次可能包含若干航段。

2. 船舶使用的燃料种类包括各种重油、柴油、汽油、电力、天然气等，项目能耗量是指船舶航行过程中消耗的所有燃料，包括满载、空载和停靠时的耗能量。所用的各种燃料需折算成标准煤的总量（各种燃料折标煤应优先采用燃料发票或是燃料检测报告中燃料低位发热值折算成标煤的数据，如果燃料发票或检测报告不可得，可参考表 31-1），下同。

3. 单位量应该依据项目特点而定，可为周转量或其他等。如为周转量，则周转量 = 货运量 × 载货里程，空载航行不计入周转量。

各种能源折标准煤参考系数 表 31-1

能源名称	折标准煤系数	能源名称	折标准煤系数
燃料油	1.4286kgce/kg	液化石油气	1.7143kgce/kg
柴油	1.4571kgce/kg	油田天然气	1.3300kgce/m^3
煤焦油	1.1429kgce/kg	气田天然气	1.2143kgce/m^3
渣油	1.4286kgce/kg	电力（等价值）	0.330kgce/（kW · h）

注：根据 GB/T 2589—2008 和中国电力企业联合会数据整理。

②项目实施后单船单位能耗的确定

利用项目实施后实际的单船每航段的能耗量（单位：tce）和实际单位量，确定项目核算期（1 年）每条船的单位能耗量，其计算公式如下：

$$项目核查期单船实际能耗量 = \sum_{i=1}^{n} 项目核查期单船第\ i\ 航次能耗量 \quad (31-4)$$

$$项目核查期单船实际单位量 = \sum_{i=1}^{n} 项目核查期单船第\ i\ 航次单位量 \quad (31-5)$$

项目核查期单船单位能耗量

=项目核查期单船实际能耗量/项目核查期单船实际单位量（31-6）

式中，i=1…n，代表航次号，第i航次单位量=$\sum_{k=1}^{n}$第k航段单位量。

③项目内单船的单位节能量的确定

项目内单船的单位节能量为项目实施前1年内每条船的单位能耗量与项目实施后核算期内每条船的单位能耗量之差，其计算公式如下：

项目内单船的单位节能量

=项目实施前单船的单位能耗量−项目实施后单船的单位能耗量（31-7）

（2）项目节能量的确定

依据项目内单船的单位节能量和运行期内实际单位量，即可求得该项目内单船的节能量（单位：tce），其计算公式如下：

项目内单船年度单位量=项目运行期内单船月均单位量×12（31-8）

项目内单船的节能量

=项目内单船的单位节能量×项目内单船年度单位量（31-9）

项目内所有船舶的总节能量=$\sum_{j=1}^{m}$第j艘船舶的节能量（31-10）

式中，j=1…m，代表项目内的船舶编号。

注：1.如果项目实施后，船舶投入运行已满1年，单船节能量可按下式计算：

项目内单船的节能量

=项目内单船的单位节能量×项目运行期内单船的实际单位量

（31-11）

2.如果能够提供列明项目实施后“节能率”的现场测试报告或科技验收报告，可通过以下公式计算项目内单船的单位节能量。

项目内单船的单位节能量

=项目核查期单船单位能耗量×节能率/（1−节能率）（31-12）

对于计划实施的项目，可参照应用类似节能技术船舶的“节能率”估算项目内单船的单位节能量，但需提供列明参照船舶改造后“节能率”的现场测试报告或科技验收报告。

4）证明材料

项目申请单位应提交以下证明材料：

a. 项目立项相关的证明材料。其中包括：项目立项批复文件，办公会决议，会议纪要等。

b. 项目节能量核算相关的支撑材料。其中包括：项目实施前后能耗量及单位量航段统计（表 31–2 和表 31–3）、燃料发票或是燃料的检测报告、船舶航行日志和航次记录、货运单证等。

项目实施前能耗及单位量航段统计　　表 31–2

填表单位（公章）：　　填表日期：　　年　月　日

序号	船名	总功率（kW）	统计航段	单位量	燃料类型	燃料消耗量（t）	折标准煤系数	能耗量（tce）	备注
1									
2									
…									
合计	—	—	—		—	—	—		—

单位负责人：　　审核人：　　填表人：　　联系电话：

注：1. 单位量数据按实际情况自行填写。

2. 燃料类型填写船舶主要使用的燃料，如果使用两种以上燃料在备注中注明，并在燃料消耗量中填写主要燃料消耗量，其他燃料类型和消耗量一律在备注中填写。

3. 能耗量填写各种燃料折算成标准煤的合计量。

4. 该统计表中单位量和燃料消耗量须出自申请单位的相关统计台账。

c.项目内营运船舶节能设备购置/更换的相关证明材料。其中包括设备改造/采购合同和设备购置发票等。

d.项目完成时间相关的证明材料。其中包括项目交工验收文件等。

项目实施后能耗及单位量航段统计　　表 31-3

填表单位（公章）：　　填表日期：　　年　月　日

序号	船名	总功率（kW）	统计航段	单位量	燃料类型	燃料消耗量（t）	折标准煤系数	能耗量（tce）	备注
1									
2									
…									
合计	—	—	—		—	—	—		—

单位负责人：　　审核人：　　填表人：　　联系电话：

32. 施工船舶节能技术应用项目节能减排量核算技术细则

1）适用范围

本细则适用于施工船舶节能项目节能量的核算工作，主要针对船舶动力装置节能改造和船舶设备节能改造类项目。

本细则所指项目能耗仅包括施工船舶的正常航行、停靠，施工船舶自行航行及作业过程中所发生的能耗，对于无自航能力的施工船舶的拖航能耗不予考虑（除非拖船本身为项目船舶）。

2）参考标准

（1）GB/T 2589—2008 综合能耗计算通则；

（2）GB/T 13234—2009 企业节能量计算方法。

3）核算方法

（1）单船单位节能量的计算

①项目实施前单船单位能耗量的确定

利用项目实施前单船1年时间内（项目实施前工况与实施后类似）的年度能耗量（单位：tce）和作业量（单位：m^3，t或其他），确定项目实施前单船单位能耗量，其计算公式如下：

$$项目实施前年度能耗量=\sum_{i=1}^{n}项目实施前第\,i\,月月度能耗量 \quad (32-1)$$

$$项目实施前单船年度作业量=\sum_{i=1}^{n}项目实施前第\,i\,月月度能耗量 \quad (32-2)$$

$$项目实施前单船年度作业量$$

$$=项目实施前年度能耗量/项目实施前年度作业量 \quad (32-3)$$

式中，n为项目实施前运行月数，且$n \leqslant 12$。

注：船舶使用的燃料种类包括各种重油、柴油、电力、天然气等，项目能耗量是指所用的各种燃料折算成标准煤的总量（各种燃料折标准煤应优先采用燃料发票或燃料检测报告中燃料低位发热值折算成标准煤的数据，如果燃料发票或检测报告不可得，可参考表32-1），下同。

各种能源折标准煤参考系数　表32-1

能源名称	折标准煤系数	能源名称	折标准煤系数
燃料油	1.4286kgce/kg	液化石油气	1.7143kgce/kg
柴油	1.4571kgce/kg	油田天然气	1.3300kgce/m^3
煤焦油	1.1429kgce/kg	气田天然气	1.2143kgce/m^3
渣油	1.4286kgce/kg	电力（等价值）	0.330kgce/（kW·h）

注：根据GB/T 2589—2008和中国电力企业联合会数据整理。

②项目实施后单船单位能耗量的确定

利用项目实施后核算期内（不超过 1 年）的单船实际能耗量（单位：tce）和实际作业量（单位：m^3，t 或其他），确定项目实施后单船单位能耗量，其计算公式如下：

$$项目实施后单船实际能耗量=\sum_{j=1}^{n}项目实施后第j月月度能耗量 \quad (32-4)$$

$$项目实施后单船实际作业量=\sum_{j=1}^{n}项目实施后第j月月度作业量 \quad (32-5)$$

$$项目实施后单船单位能耗量 =项目实施后实际能耗量/项目实施后实际作业量 \quad (32-6)$$

式中，n 为项目实施后实际运行月数，$n \leqslant 12$。

③单船单位节能量的确定

单船单位节能量为项目实施前单船单位能耗量与项目实施后单船单位能耗量之差，其计算公式如下：

$$单船单位节能量 =项目实施前单船单位能耗量-项目实施后单船单位能耗量 \quad (32-7)$$

（2）项目节能量的确定

依据单船单位节能量和项目实施后核算期（核算期为 1 年）的实际作业量，即可求得该项目核算期内单船的节能量（单位：tce），其计算公式如下：

$$单船的节能量 =单船的单位节能量\times项目实施后单船年度作业量 \quad (32-8)$$

$$项目节能量=\sum_{k=1}^{m}第k艘船舶的节能量 \quad (32-9)$$

式中，$k=1\cdots m$，代表实施项目的船舶编号。

注：1. 如果项目实施后，船舶投入运行不满一年，则船舶年作业量按下式计算：

$$项目单船年度作业量=项目实施后单船月均作业量\times12 \quad (32-10)$$

2. 如果能够提供列明项目实施后“节能率”的现场测试报告或科技验

收报告，可通过以下公式计算项目内单船的单位节能量。

单船的单位节能量

= 项目实施后单船单位能耗量 × 节能率 /（1− 节能率）　　　（32−11）

对于计划实施的项目，可参照应用类似节能技术船舶的“节能率”估算项目内单船的单位节能量，但需提供列明参照船舶改造后“节能率”的现场测试报告或科技验收报告。

4）证明材料

项目申请单位应提交以下证明材料：

a. 项目立项相关的证明材料。其中包括：项目立项批复文件，办公会决议，会议纪要等。

b. 项目节能量核算相关的支撑材料。其中包括：项目能耗量及作业量月度统计（表 32–2）、燃料发票或燃料的检测报告、施工记录等。

项目能耗及作业量月度统计　　　表 32–2

填表单位（公章）：　　　　　　　填表日期：　　年　月　日

序号	船名	总功率（kW）	统计年月	作业量	燃料类型	燃料消耗量（t）	折标准煤系数	能耗量（tce）	备注
1									
2									
…									

单位负责人：　　　审核人：　　　填表人：　　　联系电话：

注：1. 总功率：指船舶主机和发电机功率之和。

2. 作业量：根据施工船类型确定，其数量单位填表时需注明，如挖泥船数量单位为 m^3。

3. 燃料类型：填写船舶使用的主要燃料，并在燃料消耗量中填写该燃料的消耗量，如果使用两种以上燃料，其他燃料类型和消耗量一律在备注中填写。

4. 能耗量：填写各种燃料折算成标准煤的合计量。

5. 该统计表中作业量和燃料消耗量须出自申请单位的相关统计台账。

c.项目内施工船舶改造设备购置/更换的相关证明材料。其中包括：设备改造/采购合同、设备购置发票。

d.项目完成时间相关的证明材料。其中包括项目交工验收文件等。

33.港口机械和船舶操作培训模拟装置应用项目节能减排量核算技术细则

1）适用范围

本细则适用于港口机械和船舶操作培训模拟装置应用项目节能量和替代燃料量的核算。

2）参考标准

GB/T 2589—2008 综合能耗计算通则。

3）核算方法

对于电力驱动的港口机械实训装置，应核定其培训模拟装置应用项目的节能量；对于燃油动力的港口机械及船舶实训装置，应核定其培训模拟装置应用项目的替代燃料量。

（1）单一模拟装置每学员培训学时的确定

以申请单位提供的模拟装置培训量年度统计数据（表33-1）为参考，结合其所执行的行业、地方或自行制订的培训计划等相关管理文件，核定每个学员使用模拟装置培训的学时数（单位：h）。

（2）单一模拟装置核算期内培训人数的确定

根据申请单位提供的项目运行期内模拟装置培训量年度统计数据（表33-1），核定申请单位在核算期（12个月）内模拟装置培训学员数量（单位：人）。其计算公式为：

项目运行期内单一模拟装置月均培训人数

$$=(\sum_{i=1}^{n}\text{第 } i \text{ 月单一模拟装置培训人数})/n \tag{33-1}$$

核算期内单一模拟装置培训人数

$$=\text{项目运行期内单一模拟装置月平均培训人数}\times 12 \tag{33-2}$$

式中，n 为项目实际运行月数，且 $n \leqslant 12$。

注：1. 如果项目中培训模拟装置的运行期满 1 年，可按以下计算公式计算：

$$\text{核算期内单一模拟装置培训人数}=\sum_{i=1}^{12}\text{第 } i \text{ 月单一模拟装置培训人数} \tag{33-3}$$

2. 对于计划实施的项目，以前一年度实训人数作为核算期内模拟装置的培训人数。

采用模拟装置培训量年度汇总　　表 33-1

填表单位（公章）：　　填表日期：　年　月　日

序号	统计年月	模拟培训			替代实训		培训内容	每个学员模拟培训学时（h/人）	培训人数（人）	培训总学时（h）
		装置	型号	功率	装置	型号				
1										
2										
…										
合计		—	—	—	—	—	—	—		

单位负责人：　　审核人：　　填表人：　　联系电话：

注：1. 填写本表时，请区别模拟装置的不同型号结合培训情况如实填写。

2. 模拟培训：指进行培训的模拟装置的名称和型号。

3. 替代实训：指本模拟装置替代的实训装置名称和型号。

4. 培训内容：指采用培训模拟装置进行培训的科目等内容。

5. 培训人数：指在该统计月份内单一模拟装置的培训人数，应出自培训台账。

6. 培训总学时：指在该统计月份内采用培训模拟装置培训学员的总学时，为每个学员培训学时与该统计月份内的培训人数的乘积。

（3）单一装置年度培训总学时的确定

在核算期内，通过每学员培训学时、培训人数和采用该装置培训的次数，可确定单一模拟装置年度培训总学时（单位：h），其计算公式如下：

$$\text{单一模拟装置年度培训总学时} = \sum_{i=1}^{m}(\text{该模拟装置第}\,i\,\text{次培训人数} \times \text{第}\,i\,\text{次每个学员培训学时}) \quad (33-4)$$

式中，m 为项目单一装置年度培训总次数。

注：如单一培训装置年度培训学时超过 1600h，按 1600h 计。

（4）电力驱动港口机械的培训模拟装置节能量的确定

①项目节电量的确定

通过单一实训装置与其模拟装置的额定功率及年度培训学时，可确定核算期内节电量（单位：kW · h），其计算公式如下：

$$\text{单一模拟装置核算期内节电量} = (\text{相应实训装置额定功率} \times 0.6 - \text{该模拟装置额定功率}) \times \text{年度培训总学时} \quad (33-5)$$

将所有模拟装置的年度节电量加总，即可求得核算期内项目节电量（单位：kW · h），计算公式如下：

$$\text{项目节电量} = \Sigma\,\text{各模拟装置核算期内节电量} \quad (33-6)$$

②项目节能量的确定

将项目节电量折算为标准煤，即得到项目节能量（单位：tce），其计算公式如下：

$$\text{项目节能量} = \text{项目节电量} \times \text{电力折算标准煤系数} \times 10^{-3} \quad (33-7)$$

注：电能折算标准煤的系数取值为 0.330kgce/（kW · h）（按中国电力企业联合会公布的 2011 年 6000kW 及以上电厂供电煤耗取值）。

（5）燃油动力港口机械及船舶的培训模拟装置替代燃料量的确定

①单一模拟装置每学时平均替代燃油量的确定

利用采用实训装置时年度燃油量消耗统计信息（表 33–2），确定与实训装置相对应的单一模拟装置每学时替代燃油量(单位: kg/h),其计算公式如下:

$$单一实训装置年度消耗燃油量 = \sum_{i=1}^{n} 实训装置第\ i\ 次培训燃油量 \quad (33\text{–}8)$$

$$单一模拟装置每学时平均替代燃油量 = 实训装置年度消耗燃油量 / 实训装置年度培训总学时 \quad (33\text{–}9)$$

项目实施前实训装置燃油量消耗统计 表 33–2

填表单位（公章）： 填表日期： 年 月 日

序号	培训信息				实训设备		总功率（kW）	燃油类型	燃油单位	燃油量	折标准油系数	折算燃料量（kgoe）	备注
	开始日期	学时	人数	培训内容	装置	型号							
1													
2													
…													
合计	—	—		—			—	—	—		—		—

单位负责人： 审核人： 填表人： 联系电话：

注：1. 请申请单位以培训次数为记录，按项目实施前一年实际培训情况如实填写。

2. 学时为规定的每个学员的学时数。

3. 培训内容：指采用实训装置进行培训的科目等内容。

4. 总功率：填写实训装置的总功率，如果是船舶则包括主机和发电机功率之和。

5. 能耗类型：填写主要使用的能耗，可以是燃料油、柴油、汽油、天然气等。如果使用两种以上能耗，请在备注中注明类型、单位、能耗量、折算系数，并合计入折算能耗量。

6. 该统计表中实际能耗量须出自申请单位的相关统计台账。

7. 折算燃料量：填写各种能耗折算成标准油的合计量。

②单一模拟培训装置年度替代燃油量的确定

根据核算期内单一模拟装置培训总学时及单一模拟装置每学时的平均替

代燃油量，可求得该模拟装置进行培训所产生的替代燃油量（单位：kg）。

单一模拟装置年度替代燃油量

= 该模拟装置每学时平均替代燃油量 ×

项目运行期内月均培训人数 × 每学员培训学时 ×12　　　（33-10）

注：如果项目中培训模拟装置的运行期满 1 年，可按以下计算公式计算：

单一模拟装置年度替代燃油量

= 该模拟装置每学时平均替代燃油量 × 该模拟装置年度培训总学时

（33-11）

③项目替代燃油量的确定

将求得的各模拟装置的替代燃油量进行加总，即得培训模拟装置应用项目的核算期内替代燃油量（单位：kg），其计算公式如下：

项目替代燃油量 = Σ 各模拟装置年度替代燃油量　　　（33-12）

④项目替代燃料量的确定

将项目替代燃油量折算成标准油，即得项目替代燃料量（单位：toe），其计算公式如下：

项目替代燃料量 = 项目替代燃油量 × 折算标准油系数 × 10^{-3}　（33-13）

式中，折算标准油系数参见表 33-3。

各种能源折算标准油参考系数　　　表 33-3

能源名称	折标准油系数	能源名称	折标准油系数
燃料油	1.0000kgoe/kg	液化石油气	1.2000kgoe/kg
柴油	1.0200kgoe/kg	油田天然气	0.9310kgoe/m^3
煤焦油	0.8000kgoe/kg	气田天然气	0.8500kgoe/m^3
渣油	1.0000kgoe/kg		

4）证明材料

项目申请单位应提交以下证明材料：

a. 项目立项相关的证明材料。其中包括：项目立项批复文件，办公会决议，会议纪要等。

b. 项目节能量、替代燃料量核算相关的支撑材料。其中包括：采用模拟装置培训量月度汇总（表 33–1）；项目实施前实训装置燃料量消耗年度统计（表 33–2）及相关支撑材料复印件等；采用模拟装置进行培训所依据的培训计划及相关管理文件复印件等；项目实施前后，采用实训和模拟装置进行培训的台账复印件等。

c. 模拟装置购置相关的证明材料。其中包括：培训模拟装置的购置清单（表 33–4）、培训模拟装置采购合同和发票复印件等。

培训模拟装置购置清单　　表 33–4

填表单位（公章）：　　填表日期：　年　月　日

序号	装置编号	名称	型号	生产企业	购置费用（万元）	购置时间	发票号码	对应合同编号
1								
2								
…								

单位负责人：　　审核人：　　填表人：　　联系电话：

注：1. 装置编号：指设备或装置的统一编号。

2. 生产企业：指培训模拟装置的生产企业。

3. 型号：指培训模拟装置的出厂型号。

4. 购置时间：应填写购装置发票中的“开票时间”。

5. 发票号码：指购装置发票的发票号码。

6. 对应合同编号：指购装置时所签订的，包含该培训模拟装置在内的购置合同的合同编号。

第三章
公路、水路交通运输管理与服务能力建设领域

Gonglu Shuilu Jiaotong Yunshu Guanli yu Fuwu Nengli Jianshe Lingyu

第一节 公路交通运输管理与服务能力建设

34. 营运车辆智能化运营管理系统应用项目投资额核算技术细则

1）适用范围

本细则适用于道路运输、城市公交和出租车等营运车辆智能化运营管理系统（含出租车电召调度系统）应用项目设备购置费的核算。

2）参考标准

（1）JT/T 794—2011 道路运输车辆卫星定位系统 车载终端技术要求；

（2）JT/T 796—2011 道路运输车辆卫星定位系统 平台技术要求。

3）核算方法

（1）项目设备购置清单的确定

依据专项决算审计报告、“车辆智能化运营管理系统所需主要设备一览表”（表 34–1）或“出租车电召调度系统所需主要设备一览表”（表 34–2），以及相关设备的采购合同和设备购置发票，填写“项目设备购置清单（设备一览表中设备）”（表 34–3）。

对于表 34–1 或表 34–2 中不包含的设备，经实地核查或专家研讨确认为项目范围内的，可纳入项目范围，但须填写“项目设备购置清单（设备一览表中未包含设备）”（表 34–4），并说明理由。

车辆智能化运营管理系统所需主要设备一览表　　表 34-1

分　类	项 目 细 项	主要设备说明
车载智能终端	智能终端设备	含 GPS 等位置定位设备、油耗监测器、传感器、无线通信模块、数据存储器、数据通信接口等
	车载 RFID 读写器	
	车载 3G 视频监控设备	
	车载 LED 显示屏	
车辆智能化运营管理系统相关软件	中心监控和调度系统	
	地理信息系统	如 GIS 系统、电子地图等
	数据平台接口	如车辆数据集成、车辆动态监控系统集成等
	车辆 GPS 监控系统	
	数据库管理系统	含存储容灾管理软件
	磁盘管理软件	
智能控制中心设备	服务器	
	网络设备	如路由器、交换机、负载均衡设备、防火墙、漏洞扫描设备、光纤数据传输设备等
	数据存储设备	如磁盘阵列、磁带库等
	视频监控系统	
	无线通信设备	如对讲机等
外场智能设备	显示终端	如电子显示站牌、调度站无线发车屏、触摸屏
	场站视频监控设备	

出租车电召调度系统所需主要设备一览表 表 34–2

分　类	项 目 细 项	主要设备说明
车载终端	智能服务终端	
	服务评价器	
	智能顶灯	
	视频监控设备	如车载摄像头
出租车电召系统相关软件	电召调度信息系统	含通信接入模块、资源管理模块、呼叫中心平台、坐席许可软件、录音软件等
	电召服务监督系统	
	GPS 监控指挥系统	
	中间件	如应用中间件、GIS 中间件等
	城市地理信息系统	如 GIS 系统、电子地图等
	统计分析信息系统	如数据分析软件
	数据库管理系统	含存储容灾管理软件
	网络安全管理软件	
电召中心设备	服务器	
	通信设备	如程控交换机
	网络及安全设备	如路由器、交换机、负载均衡设备、防火墙、漏洞扫描设备、光纤数据传输设备等
	数据存储设备	如磁盘阵列、磁带库等
	视频监控系统	如监控大屏幕、液晶电视、LED 显示屏等
	录音设备	如数字录音仪等

项目设备购置清单（设备一览表中设备）　　表 34-3

填表单位（公章）：　　　　　　　　填表日期：　　年　月　日

序号	设备名称	型号	单位	数量	设备单价（万元）	设备总价（万元）	购置日期	对应合同编码	对应发票号码	对应发票金额（万元）	备注
1											
2											
…											
合计	—	—	—	—	—		—	—	—	—	—

单位负责人：　　审核人：　　填表人：　　联系电话：

注：1. 该表中所列设备应与表 34-1 或表 34-2 中“具体细项”相对应。

2. 设备名称、型号和设备单价均应按采购合同或发票中的货物名称或产品名称等相关信息进行填写。

3. 设备总价：指该类设备的总的购置费用，其计算公式为：设备总价 = 设备单价 × 数量。

4. 对应合同编码：指购买项目所用设备时签订的，包含该种设备的采购合同的合同编码。

5. 对应发票号码：指包含该种设备购置费用在内的发票的发票号码。

6. 对应发票金额：指包含该种设备购置费用在内的发票的票面总金额。

项目设备购置清单（设备一览表中未包含设备）　　表 34-4

填表单位（公章）：　　　　　　　　填表日期：　　年　月　日

序号	设备名称	型号	单位	数量	设备单价（万元）	设备总价（万元）	购置日期	对应合同编码	对应发票号码	对应发票金额（万元）	备注
1											
2											
…											
合计	—	—	—	—	—		—	—	—	—	—

单位负责人：　　审核人：　　填表人：　　联系电话：

注：1. 该表主要填写无法与表 34-1 或表 34-2 中“具体细项”相对应的设备。

2. 该表中所列设备均须逐项说明其在系统中的功能，相关说明另附。

3. 其他注释见表 34-3。

（2）设备购置费的确定

根据项目设备购置清单，计算出相应的设备购置费（单位：万元），其计算公式如下：

某类设备总价（单位：万元）= 设备单价 × 数量　（34-1）

设备购置费总额（单位：万元）= Σ 各类设备总价　（34-2）

4）证明材料

项目申请单位应提交以下证明材料：

a. 项目立项相关的证明材料。其中包括项目申报及立项批复文件等。

注：立项文件中必须包含项目建设内容，否则需另行提供项目建设内容证明材料。

b. 项目设备购置相关的证明材料。其中包括：项目设备购置清单（表 34-3 和表 34-4）、设备采购合同和设备购置发票（须包含设备购置明细或附设备清单）等。

c. 项目投资相关的证明材料。其中包括专项决算审计报告等。

d. 项目完成时间相关的证明材料。其中包括项目交工验收文件等。

35. 车辆超限超载不停车（高速）预检管理系统应用项目投资额核算技术细则

1）适用范围

本细则适用于车辆超限超载不停车（高速）预检管理系统应用项目设备购置费的核算。

2）功能定义

车辆超限超载不停车（高速）预检管理系统是在车辆正常行驶过程中，

动态检测过往车辆的车长、轴重信息，提前对超限超载车辆进行超限预判和分拣，以减少对不超限车辆的二次检测工作。系统主要由高速称重子系统、车型车牌自动识别子系统、信息显示诱导等子系统组成。从设备组成来看，一般由外场智能设备、通信网络设备、车辆超限超载不停车（高速）预检管理相关软件、管理中心设备组成，这些设备与治理超限超载（简称“治超”）检测站低速检测管理系统一起，构成了完整的治超管理系统，如图35-1所示。本技术细则的功能范围界定为治超不停车（高速）预检功能。

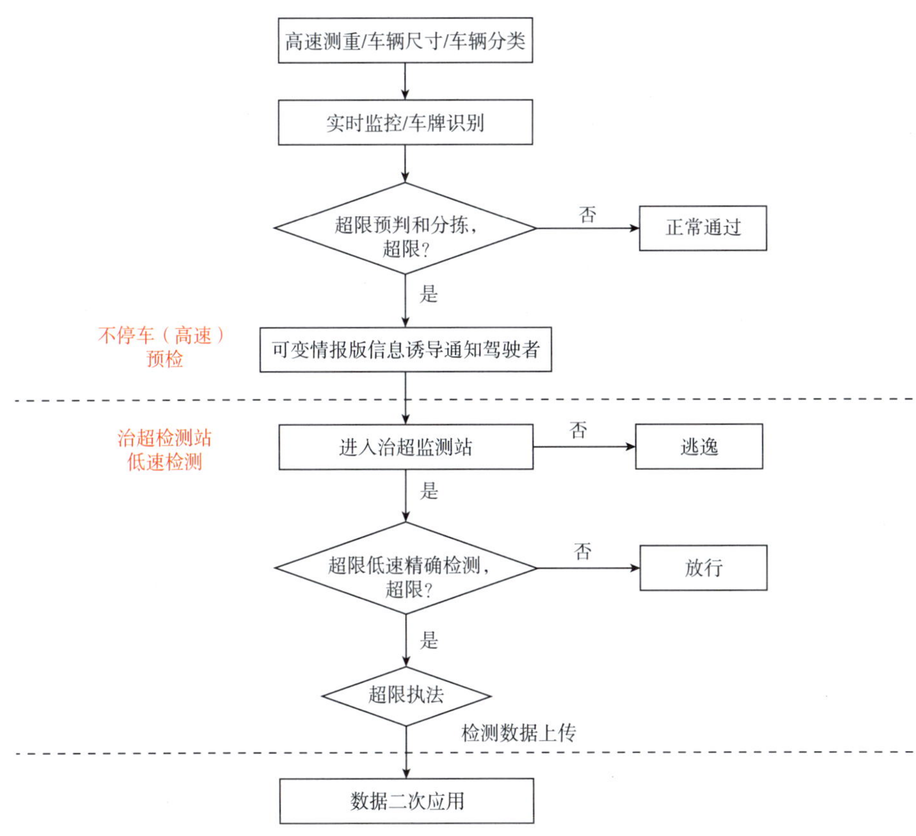

图35-1　治超管理系统组成

3）参考标准

（1）JT/T 817—2011 公路机电系统设备通用技术要求及检测方法；

（2）JT/T 606—2004 高速公路监控设施通信规程；

（3）JT/T 607—2004 高速公路可变信息标志信息的显示和管理。

（4）高速公路监控技术要求、高速公路通信技术要求（交通运输部 2012 年第 3 号公告）。

4）核算方法

（1）项目设备购置清单的确定

依据专项决算审计报告、“车辆超限超载不停车（高速）预检管理系统所需主要设备一览表”（表 35–1），以及相关设备的采购合同和设备购置发票，填写“项目设备购置清单（设备一览表中设备）”（表 35–2）。

车辆超限超载不停车（高速）预检管理系统所需主要设备一览表　表 35–1

分　类	项 目 细 项	主要设备说明
外场智能设备	高速称重设备	如工业主控制机、机柜、弯板式传感器、线圈传感器及相关附件
	车牌识别设备	如摄像机、自动同步频闪光源、车牌自动识别器、视频编码器、“T”形架或龙门架
	可变情报版诱导设备	如显示屏、显示屏控制器、“T”形架或龙门架
	接地及防雷保护设备	如强 / 弱电防雷设备、避雷网、避雷针、引下线、接地线
	电源 / 蓄电池	如 AC220V ± 10%,50Hz/DC12V
通信网络系统设备	交换机	如 8 口
	光端机	根据传输距离（100m 以上）选配
	光纤接线盒	

续上表

分　类	项目细项	主要设备说明
通信网络系统设备	网线（双绞线、光缆）	
车辆超限超载不停车（高速）预检管理系统相关软件	数据平台接口处理软件	如高速称重数据、车牌识别数据集成，车流量和车型分类、统计及分析功能
	超限超载预检分析软件	如超限超载识别、历史逃逸（黑名单）分析
	可变情报版管理软件	
	视频回放调用软件	
	数据库管理系统	
管理中心设备	硬盘录像机	
	UPS 不间断电源	

注：该表中所列设备为单个治超不停车（高速）预检站点所需设备清单。

项目设备购置清单（设备一览表中设备）　　表 35-2

填表单位（公章）：　　　　填表日期：　　年　月　日

序号	设备名称	型号	单位	数量	设备单价（万元）	设备总价（万元）	购置日期	对应合同编码	对应发票号码	对应发票金额（万元）	备注
1											
2											
…											
合计	—	—	—	—	—		—	—	—	—	—

单位负责人：　　审核人：　　填表人：　　联系电话：

注：1. 该表中所列设备应与表 35-1 中“具体细项”相对应。

2. 设备名称、型号和设备单价均应按采购合同或发票中的货物名称或产品名称等相关信息进行填写。

3. 设备总价：指该类设备的总的购置费用，其计算公式为：设备总价 = 设备单价 × 数量。

4. 对应合同编码：指购买项目所用设备时签订的，包含该种设备的采购合同的合同编码。

5. 对应发票号码：指包含该种设备购置费用在内的发票的发票号码。

6. 对应发票金额：指包含该种设备购置费用在内的发票的票面总金额。

对于表 35–1 中不包含的设备，经实地核查或专家研讨，确认为治超不停车（高速）预检功能范围内的，可纳入项目范围，但须填写“项目设备购置清单（设备一览表中未包含设备）”（表 35–3），并说明理由。

项目设备购置清单（设备一览表中未包含设备）　　表 35–3

填表单位（公章）：　　填表日期：　　年　月　日

序号	设备名称	型号	单位	数量	设备单价（万元）	设备总价（万元）	购置日期	对应合同编码	对应发票号码	对应发票金额（万元）	备注
1											
2											
…											
合计	—	—	—	—	—		—	—	—	—	—

单位负责人：　　审核人：　　填表人：　　联系电话：

注：1. 该表主要填写无法与表 35–1 中“具体细项”相对应的设备。

2. 该表中的设备须是对应完成治超不停车（高速）预检功能的必要设备。

3. 该表中所列设备均须逐项说明其在系统中的功能，相关说明另附。

4. 其他注释见表 35–2。

（2）设备购置费的确定

根据项目设备购置清单，计算出相应的设备购置费（单位：万元），其计算公式如下：

某类设备总价（单位：万元）= 设备单价 × 数量　　（35–1）

设备购置费总额（单位：万元）= Σ 各类设备总价　　（35–2）

5）证明材料

项目申请单位应提交以下证明材料：

a. 项目立项相关的证明材料。其中包括项目申报及立项批复文件等。

注：立项文件中必须包含项目建设内容，否则需另行提供项目建设内容证明材料。

b. 项目设备购置相关的证明材料。其中包括：项目设备购置清单（表35–2和表35–3）、设备采购合同和设备购置发票（须包含设备购置明细或附设备清单）等。

c. 项目投资相关的证明材料。其中包括专项决算审计报告等。

d. 项目完成时间相关的证明材料。其中包括项目交工验收文件等。

36. 高速公路公众服务及低碳运行指示系统应用项目投资额核算技术细则

1）适用范围

本细则适用于高速公路公众服务及低碳运行指示系统应用项目设备购置费的核算。

高速公路公众服务信息系统主要为公众提供高速公路路况、气象、出行指南、公路养护、服务区信息等方面内容，此外还提供路径规划、地图、路政、运营等方面的信息。低碳运行指示系统主要为高速公路上的驾乘人员提供本通行车辆的平均时速、碳排放总量、低碳运行建议时速和高速公路断面交通量等低碳信息。

2）核算方法

（1）项目设备购置清单的确定

依据专项决算审计报告、“高速公路公众服务及低碳运行指示系统所需主要设备一览表”（表36–1），以及相关设备的采购合同和设备购置发票填写“项目设备购置清单（设备一览表中设备）”（表36–2）。

高速公路公众服务及低碳运行指示系统所需主要设备一览表　表 36-1

<table>
<tr><th>项　目</th><th colspan="2">具体细项</th><th>设备说明</th></tr>
<tr><td rowspan="6">高速公路公众服务系统</td><td colspan="2">导航和诱导系统</td><td></td></tr>
<tr><td rowspan="3">信息发布系统</td><td>情报板发布系统</td><td>可变情报板</td></tr>
<tr><td>服务区发布系统</td><td>服务区的显示终端、无线 AP、消息中间件、数据交换中间件（如餐饮、娱乐、天气、住宿、路况、公路客运、铁路、民航、加油站、交通事故、道路管制、养护工程、气象等信息集成）等</td></tr>
<tr><td>网站手机发布系统</td><td>网站软件、手机 APP 软件等</td></tr>
<tr><td colspan="2">信息系统硬件</td><td>网站服务器、路由器、交换机等</td></tr>
<tr><td colspan="2" style="display:none"></td><td style="display:none"></td></tr>
<tr><td rowspan="2">低碳运行指示系统</td><td colspan="2">低碳运行分析软件</td><td>交通量计算软件、车速计算软件等</td></tr>
<tr><td colspan="2">低碳运行发布系统</td><td>如可变情报板、服务区的显示终端等</td></tr>
</table>

注：1. 该表中所列设备须是本系统专用设备，如和其他系统共用则不能列入。

2. 软件须外购。

项目设备购置清单（设备一览表中设备）　表 36-2

填表单位（公章）：　填表日期：　年　月　日

序号	设备名称	型号	单位	数量	设备单价（万元）	设备总价（万元）	购置日期	对应合同编码	对应发票号码	对应发票金额（万元）	备注
1											
2											
…											
合计	—	—	—	—	—		—	—	—	—	—

单位负责人：　审核人：　填表人：　联系电话：

注：1. 该表中所列设备应与表 36-1 中“主要设备”相对应。

2. 设备名称、型号和设备单价均应按采购合同或发票中的货物名称或产品名称等相关信息进行填写。

3. 设备总价：指该类设备的总的购置费用，其计算公式为：设备总价 = 设备单价 × 数量。

4. 对应合同编码：指购买项目所用设备时签订的，包含该种设备的采购合同的合同编码。

5. 对应发票号码：指包含该种设备购置费用在内的发票的发票号码。

6. 对应发票金额：指包含该种设备购置费用在内的发票的票面总金额。

对于表 36–1 中不包含的设备，经实地核查或专家研讨确认为项目范围内的，可纳入项目范围，但必须填写“项目设备购置清单（设备一览表中未包含设备）”（表 36–3），并说明理由。

项目设备购置清单（设备一览表中未包含设备）　　表 36–3

填表单位（公章）：　　　　填表日期：　　年　月　日

序号	设备名称	型号	单位	数量	设备单价（万元）	设备总价（万元）	购置日期	对应合同编码	对应发票号码	对应发票金额（万元）	备注
1											
2											
…											
合计	—	—	—	—	—		—	—	—	—	—

单位负责人：　　审核人：　　填表人：　　联系电话：

注：1. 该表主要填写无法与表 36–1 中“主要设备”相对应的设备。

2. 该表中所列设备均须逐项说明其在系统中的功能，相关说明另附。

3. 其他注释见表 36–2。

（2）设备购置费的确定

根据项目设备购置清单，计算出相应的设备购置费（单位：万元），其计算公式如下：

某类设备总价（单位：万元）= 设备单价 × 数量　　（36–1）

设备购置费总额 = Σ 各类设备总价　　（36–2）

3）证明材料

项目申请单位应提交以下证明材料。

a. 项目立项相关的证明材料。其中包括：项目申报及立项批复文件等。

注：立项文件中必须包含项目建设内容，否则需另行提供项目建设内

容证明材料。

b. 项目设备购置相关的证明材料。其中包括：项目设备购置清单（表36–2 和表 36–3）、设备采购合同和设备购置发票（须包含设备购置明细或附设备清单）等。

c. 项目投资相关的证明资料。其中包括专项决算审计报告等。

d. 项目完成时间相关的证明材料。其中包括项目交工验收文件等。

第二节 水路交通运输管理与服务能力建设

37. 港口智能化运营管理系统应用项目投资额核算技术细则

1）适用范围

本细则适用于我国沿海、内河港口智能化运营管理系统应用项目设备购置费的核算。

2）参考标准

JTS 150—2007 水运工程节能设计规范。

3）核算方法

（1）项目设备购置清单的确定

依据专项决算审计报告、“港口智能化运营管理系统所需主要设备一览表”（表 37–1），以及相关设备的采购合同和设备购置发票，填写“项目设备购置清单（设备一览表中设备）”（表 37–2）。

对于表 37–1 中不包含的设备，经实地核查或专家研讨确认为项目范围内的，可纳入项目范围，但须填写“项目设备购置清单（设备一览表中未包含设备）”（表 37–3），并说明理由。

港口智能化运营管理系统所需主要设备一览表　　表 37–1

项　目	具体细项	主要设备说明
车载、手持等现场作业终端	智能终端设备	含 GPS 等位置定位设备、传感器、无线通信模块、数据存储器、数据通信接口等
	RFID 读写器	
	监控设备	如数字化视频监控设备等
	LED 显示屏	
信息系统相关软件	智能调度系统	如港口调度管理系统、GPS 车辆定位调度管理系统、数字化指挥调度系统等
	地理信息系统	如 GIS 系统、电子地图等
	数据平台接口	如车船数据集成、车船动态监控系统集成等
	数据库管理系统	含存储容灾管理软件
	磁盘管理软件	
信息管理中心设备	服务器	
	网络设备	如路由器、交换机、网关、负载均衡设备、防火墙、漏洞扫描设备、光纤数据传输设备等
	大屏幕显示系统	如显示屏、图形拼接处理器、视频编解码器、音视频矩阵、RGB 矩阵、无线触摸屏等
	数据存储设备	如磁盘阵列、磁带库等
	监控设备	
外场设备	显示终端	如电子显示站牌、调度站无线发车屏、触摸屏

项目设备购置清单（设备一览表中设备）　表 37-2

填表单位（公章）：　填表日期：　年　月　日

序号	设备名称	型号	单位	数量	设备单价（万元）	设备总价（万元）	购置日期	对应合同编码	对应发票号码	对应发票金额（万元）	备注
1											
2											
…											
合计	—	—	—	—	—		—	—	—	—	—

单位负责人：　审核人：　填表人：　联系电话：

注：1. 该表中所列设备应与表 37-1 中“具体细项”相对应。

2. 设备名称、型号和设备单价均应按采购合同或发票中的货物名称或产品名称等相关信息进行填写。

3. 设备总价：指该类设备的总的购置费用，其计算公式为：设备总价 = 设备单价 × 数量。

4. 对应合同编码：指购买项目所用设备时签订的，包含该种设备的采购合同的合同编码。

5. 对应发票号码：指包含该种设备购置费用在内的发票的发票号码。

6. 对应发票金额：指包含该种设备购置费用在内的发票的票面总金额。

项目设备购置清单（设备一览表中未包含设备）　表 37-3

填表单位（公章）：　填表日期：　年　月　日

序号	设备名称	型号	单位	数量	设备单价（万元）	设备总价（万元）	购置日期	对应合同编码	对应发票号码	对应发票金额（万元）	备注
1											
2											
…											
合计	—	—	—	—	—		—	—	—	—	—

单位负责人：　审核人：　填表人：　联系电话：

注：1. 该表主要填写无法与表 37-1 中“具体细项”相对应的设备。

2. 该表中所列设备均须逐项说明其在系统中的功能，相关说明另附。

3. 其他注释见表 37-2。

（2）设备购置费的确定

根据项目设备购置清单，计算出相应的设备购置费（单位：万元），其计算公式如下：

某类设备总价（单位：万元）= 设备单价 × 数量　（37-1）

设备购置费总额 = Σ 各类设备总价　（37-2）

4）证明材料

项目申请单位应提交以下证明材料：

a. 项目立项相关的证明材料。其中包括项目申报及立项批复文件等。

注：立项文件中必须包含项目建设内容，否则需另行提供项目建设内容证明材料。

b. 项目设备购置相关的证明材料。其中包括：项目设备购置清单（表 37-2 和表 37-3）、设备采购合同和设备购置发票（须包含设备购置明细或附设备清单）等。

c. 项目投资相关的证明材料。其中包括专项决算审计报告等。

d. 项目完成时间相关的证明材料。其中包括项目交工验收文件等。

38. 内河船舶免停靠报港信息服务系统应用项目投资额核算技术细则

1）适用范围

本细则适用于内河船舶免停靠报港信息服务系统应用项目设备购置费的核算。

2）核算方法

（1）项目设备购置清单的确定

依据专项决算审计报告、“内河船舶免停靠报港信息服务系统所需主要设备一览表”（表 38–1），以及相关设备的采购合同和设备购置发票，填写“项目设备购置清单（设备一览表中设备）”（表 38–2）。

对于表 38–1 中不包含的设备，经实地核查或专家研讨确认为项目范围内的，可纳入项目范围，但须填写“项目设备购置清单（设备一览表中未包含设备）”（表 38–3），并说明理由。

内河船舶免停靠报港信息服务系统所需主要设备一览表　　表 38–1

分　类	具 体 细 项	主要设备说明
船用终端	船舶定位通信终端	如 GPS、GSM、GPRS 终端等，含定位模块、无线通信模块、数据存储器、数据通信接口等
	船舶报港卡	如 IC 卡、RFID 卡等
免停靠报港信息系统相关软件	免停靠报港信息服务系统	须为外购软件
	地理信息系统	如 GIS 系统、港航电子地图、航道图数字化系统等
	数据平台接口	如船舶报港卡集成、船舶数据集成、船舶动态监控系统集成等
	船舶 GPS 监控系统	
	数据库管理系统	含存储容灾管理软件
	磁盘管理软件	
综合监管中心设备	服务器	
	网络设备	如路由器、交换机、负载均衡设备、防火墙、漏洞扫描设备、光纤数据传输设备等
	数据存储设备	如磁盘阵列、磁带库等
	视频监控系统	
	无线通信设备	如对讲机、无线确认终端、码头终端等
	码头读卡终端	如读卡器
外场设备	视频监控设备	

注：免停靠报港信息系统主要包含船舶进港登记模块、统一账户管理模块、船舶准航检查模块、船舶报港卡管理模块、报港记录修改模块、外港船舶登记模块、违章船舶管理模块、码头终端处理模块、免停靠和船舶动态监控系统通信功能、船舶电子签证模块、航区诚信管理模块、信息查询统计分析模块等，可根据实际需要有所增减。

项目设备购置清单（设备一览表中设备）　　　表 38-2

填表单位（公章）：　　　　　　　　　　填表日期：　　年　月　日

序号	设备名称	型号	单位	数量	设备单价（万元）	设备总价（万元）	购置日期	对应合同编码	对应发票号码	对应发票金额（万元）	备注
1											
2											
…											
合计	—	—	—	—	—		—	—	—	—	—

单位负责人：　　　　审核人：　　　　填表人：　　　　联系电话：

注：1. 该表中所列设备应与表 38-1 中“具体细项”相对应。

2. 设备名称、型号和设备单价均应按采购合同或发票中的货物名称或产品名称等相关信息进行填写。

3. 设备总价：指该类设备的总的购置费用，其计算公式为：设备总价 = 设备单价 × 数量。

4. 对应合同编码：指购买项目所用设备时签订的，包含该种设备的采购合同的合同编码。

5. 对应发票号码：指包含该种设备购置费用在内的发票的发票号码。

6. 对应发票金额：指包含该种设备购置费用在内的发票的票面总金额。

项目设备购置清单（设备一览表中未包含设备）　　表 38-3

填表单位（公章）：　　　　　　　　　　填表日期：　　年　月　日

序号	设备名称	型号	单位	数量	设备单价（万元）	设备总价（万元）	购置日期	对应合同编码	对应发票号码	对应发票金额（万元）	备注
1											
2											
…											
合计	—	—	—	—	—		—	—	—	—	—

单位负责人：　　　　审核人：　　　　填表人：　　　　联系电话：

注：1. 该表主要填写无法与表 38-1 中“具体细项”相对应的设备。

2. 该表中所列设备均须逐项说明其在系统中的功能，相关说明另附。

3. 其他注释见表 38-2。

（2）设备购置费的确定

根据项目设备购置清单，计算出相应的设备购置费（单位：万元），其计算公式如下：

某类设备总价（单位：万元）= 设备单价 × 数量 （38-1）

设备购置费总额 = Σ各类设备总价 （38-2）

3）证明材料

项目申请单位应提交以下证明材料：

a. 项目立项相关的证明材料。其中包括项目申报及立项批复文件等。

注：立项文件中必须包含项目建设内容，否则需另行提供项目建设内容证明材料。

b. 项目设备购置相关的证明材料。其中包括：项目设备购置清单（表38-2 和表 38-3）、设备采购合同和设备购置发票（须包含设备购置明细或附设备清单）等。

c. 项目投资相关的证明材料。其中包括专项决算审计报告等。

d. 项目完成时间相关的证明材料。其中包括项目交工验收文件等。

39. 数字航道系统应用项目投资额核算技术细则

1）适用范围

本细则适用于数字航道系统应用项目中与节能减排相关的设备购置费的核算。

本细则所指数字航道系统是在相关法律法规和行业技术标准的范围内，利用现代网络通信技术手段对航道及其附属设施的各种资源进行整合，为航道维护管理实时提供全面系统的数字化、智能化、人性化的数据资料，其核心内容是航道信息资源数字化、航道管理与服务体系数字化的实现。

2）核算方法

（1）项目设备购置清单的确定

依据专项决算审计报告、“数字航道应用项目所需主要设备一览表”（表39-1），以及相关设备的采购合同和设备购置发票，填写“项目设备购置清单（设备一览表中设备）”（表39-2）。

对于表39-1中不包含的设备，经实地核查或专家研讨确认为项目范围内的，可纳入项目范围，但须填写“项目设备购置清单（设备一览表中未包含设备）”（表39-3），并说明理由。

数字航道系统应用项目所需主要设备一览表　　表39-1

分　类	项目细项	主要设备说明
数字航道相关软件	数据平台接口中间件	各子系统及其他相关行业系统数据对接的中间组件
	航道信息采集分析系统	含水位信息采集分析系统、航道断面分析系统等
	航道及航道设施监控与管理系统	含航道基础设施监控系统及维护管理系统
	船舶动态监测系统	含GPS动态监控、AIS系统、移动端监测等，利用电子航道图进行地图导航的软件系统
	电子航道图系统	含航道基础设施、实时业务信息的展现及与其他业务数据的整合
	公共服务信息发布系统	含外网门户系统、可变情报板等诱导设施的管理软件
	船舶导航与过闸调度系统	含船舶导航、日常调度和救援指挥调度系统
数字航道相关硬件设备	诱导设备	可变情报板、扩声设备、广播发射设备、智能航标等
	水上ETC设备	船舶电子标签、岸基设备、无线传输设备等
	服务器	

续上表

分　类	项 目 细 项	主要设备说明
数字航道相关硬件设备	网络设备	如路由器、交换机、负载均衡设备、防火墙、漏洞扫描设备、光纤数据传输设备等
	大屏显示系统	如显示屏、图形拼接处理器、视频编解码器、音频矩阵、无线触摸屏等
	数据存储设备	如磁盘列阵、磁带库、数据备份设备等
	视频监控设备	视频矩阵、硬盘录像机
	无线通信设备	支撑外场设备无线通信相关设备、电台

注：软件须外购。

项目设备购置清单（设备一览表中设备）　　表 39-2

填表单位（公章）：　　　　填表日期：　　年　月　日

序号	设备名称	型号	单位	数量	设备单价（万元）	设备总价（万元）	购置日期	对应合同编码	对应发票号码	对应发票金额（万元）	备注
1											
2											
…											
合计	—	—	—	—	—		—	—	—	—	—

单位负责人：　　审核人：　　填表人：　　联系电话：

注：1. 该表中所列设备应与表 39-1 中“具体细项”相对应。

2. 设备名称、型号和设备单价均应按采购合同或发票中的货物名称或产品名称等相关信息进行填写。

3. 设备总价：指该类设备的总的购置费用，其计算公式为：设备总价 = 设备单价 × 数量。

4. 对应合同编码：指购买项目所用设备时签订的，包含该种设备的采购合同的合同编码。

5. 对应发票号码：指包含该种设备购置费用在内的发票的发票号码。

6. 对应发票金额：指包含该种设备购置费用在内的发票的票面总金额。

项目设备购置清单（设备一览表中未包含设备）　　表 39-3

填表单位（公章）：　　填表日期：　　年　月　日

序号	设备名称	型号	单位	数量	设备单价（万元）	设备总价（万元）	购置日期	对应合同编码	对应发票号码	对应发票金额（万元）	备注
1											
2											
…											
合计	—	—	—	—	—		—	—	—	—	—

单位负责人：　　审核人：　　填表人：　　联系电话：

注：1. 该表主要填写无法与表 39-1 中“具体细项”相对应的设备。

2. 该表中所列设备均须逐项说明其在系统中的功能，相关说明另附。

3. 其他注释见表 39-2。

（2）设备购置费的确定

根据项目设备购置清单，计算出相应的设备购置费（单位：万元），其计算公式如下：

某类设备总价（单位：万元）= 设备单价 × 数量　　（39-1）

设备购置费总额 = Σ 各类设备总价　　（39-2）

3）证明材料

项目申请单位应提交以下证明材料：

a. 项目立项相关的证明材料。其中包括项目申报及立项批复文件等。

注：立项文件中必须包含项目建设内容，否则需另行提供项目建设内

容证明材料。

b. 项目设备购置相关的证明材料。其中包括：项目设备购置清单（表39-2和表39-3）、设备采购合同和设备购置发票（须包含设备购置明细或附设备清单）等。

c. 项目投资相关的证明材料。其中包括专项决算审计报告等。

d. 项目完成时间相关的证明材料。其中包括项目交工验收文件等。

40. 港口物流系统应用项目投资额核算技术细则

1）适用范围

本细则适用于我国沿海、内河基于物联网的港口物流系统（含交通电子口岸信息系统）应用项目设备购置费的核算。

2）参考标准

（1）JTS 150—2007 水运工程节能设计规范；

（2）GB/T 22263—2008 物流公共信息平台应用开发指南。

3）核算方法

（1）项目设备购置清单的确定

依据专项决算审计报告、"港口物流系统所需主要设备一览表"（表40-1），以及相关设备的采购合同和设备购置发票，填写"项目设备购置清单（设备一览表中设备）"（表40-2）。

对于表40-1中不包含的设备，经实地核查或专家研讨确认为项目范围内的，可纳入项目范围，但须填写"项目设备购置清单（设备一览表中未包含设备）"（表40-3），并说明理由。

港口物流系统所需主要设备一览表　　表 40-1

项　目	具体细项	主要设备说明
物联网基础设施装备	智能门闸设备	包括固定式 RFID 读写设备、摄像机、地感线圈、闸杆、工控机、指示灯、LED 显示屏等
	自动过磅设备	包括固定式 RFID 读写设备、二维码扫描仪、摄像机、地感线圈、红外对射感应器、地磅、工控机、指示灯、LED 显示屏等
	监控室设备	包括固定式对讲机、固定标签阅读器、视频处理设备、视频监控工作站、数字高频电话、大屏幕显示系统（包括显示单元、拼接处理器、音视频矩阵、音响扩声系统、集中控制系统等）
	前端信息采集设备	包括 RFID 电子标签、手持终端、无线终端、视频采集设备、视频传输设备、冷藏箱信号采集系统
信息服务设备	信息查询设备	包括触摸查询机及配套设备
	信息发布设备	用于物流信息发布显示，包括 LED 屏、电视机及配套信息发布系统设备
网络设备	网络接入设备	包括路由器、交换机、无线基站、无线 AP、移动远端站、链路负载均衡、物联网接入网关
	网络安全设备	包括防火墙、VPN 连接设备、入侵监测、漏洞扫描、安全审计系统（上网行为管理系统）
	网络管理设备	包括网络管理平台、无线控制器等
主机及存储设备	服务器	包括小型计算机、微机服务器、刀片服务器等，如数据库服务器、web 服务器、GIS 系统服务器、应用服务器、数据交换服务器、接口服务服务器、通信服务器、管理服务器、数据获取和数据组织一体机、数据分析一体机、商务智能云一体机等
	存储设备	包括磁盘阵列柜、磁带库、磁带机等
	其他设备	如刀片服务器机箱、SAN 光纤交换机、KVM 切换器、机架式折叠显示器、机柜以及配套备品配件等

续上表

项　目	具体细项	主要设备说明
支撑软件	操作系统	如 Windows2012、Linux、Unix
	数据库管理软件	如 Oracle、Db2、Sybase、SQLServer 等
	备份及容灾软件	如双机热备软件、数据备份软件、系统备份软件
	中间件	包括数据交换中间件、消息中间件、应用服务器中间件等
	虚拟化软件	如 VMWare、Citrix、Vesystem 等
	云计算管理软件	
	地理信息系统	如电子地图平台、电子海图平台、港口 GIS 系统及相关数据
	安全认证	如 CA 等身份认证系统
应用软件	物联网智能闸口系统	包括完成车辆识别、单证识别、地磅数据收集整理理、与集装箱码头管理系统信息交互、打印操作指引。同时具备自动收提后台处理功能和闸口手持终端 APP
	物联网智能堆场管理和自动配驳船管理系统	实现码头自动分流向装卸船、堆场分流向堆放，结合堆场实际堆放情况和各作业点忙闲程度自动实时配驳，集中出箱装船
	基于物联网的港口商品车装卸与港口物流综合管理系统	包括合同管理、业务管理、计划管理、进出口作业管理、盘点作业管理、转栈业务管理、海关交互管理、理货单管理、库场管理、收费管理、计费管理以及统计管理等
	基于物联网的集装箱智能视频理货信息系统	包括视频图像数据采集和编辑系统、集装箱图形化理货系统、OCR 箱号自动识别系统、与码头软件系统的接口系统等，具体包括船舶信息、作业计划、视频采集、箱体拍照、残损比对处理、箱号自动校验、理货作业动态监控、手持图形化、残损处理、翻捣处理、船图制作、EDI、单证管理、视频信息存储、海关新仓单录入等
	监控系统软件	包括闸口监控、车道监控、冷藏箱监控、GPS 监控系统等
	通用物流业务信息系统	包括港口物流站场管理、物流调度、物流服务、物流信息管理、口岸监管等物流标准业务信息系统，以及数据交换、诚信管理、车船货跟踪管理、在线支付等

项目设备购置清单（设备一览表中设备）　　表 40–2

填表单位（公章）：　　　　　　　　　　填表日期：　　年　月　日

序号	设备名称	型号	单位	数量	设备单价（万元）	设备总价（万元）	购置日期	对应合同编码	对应发票号码	对应发票金额（万元）	备注
1											
2											
…											
合计	—	—	—	—	—		—	—	—	—	—

单位负责人：　　　　审核人：　　　　填表人：　　　　联系电话：

注：1. 该表中所列设备应与表 40–1 中“具体细项”相对应。

2. 设备名称、型号和设备单价均应按采购合同或发票中的货物名称或产品名称等相关信息进行填写。

3. 设备总价：指该类设备的总的购置费用，其计算公式为：设备总价 = 设备单价 × 数量。

4. 对应合同编码：指购买项目所用设备时签订的，包含该种设备的采购合同的合同编码。

5. 对应发票号码：指包含该种设备购置费用在内的发票的发票号码。

6. 对应发票金额：指包含该种设备购置费用在内的发票的票面总金额。

项目设备购置清单（设备一览表中未包含设备）　　表 40–3

填表单位（公章）：　　　　　　　　　　填表日期：　　年　月　日

序号	设备名称	型号	单位	数量	设备单价（万元）	设备总价（万元）	购置日期	对应合同编码	对应发票号码	对应发票金额（万元）	备注
1											
2											
…											
合计	—	—	—	—	—		—	—	—	—	—

单位负责人：　　　　审核人：　　　　填表人：　　　　联系电话：

注：1. 该表主要填写无法与表 40–1 中“具体细项”相对应的设备。

2. 该表中所列设备均须逐项说明其在系统中的功能，相关说明另附。

3. 其他注释见表 40–2。

（2）设备购置费的确定

根据项目设备购置清单，计算出相应的设备购置费（单位：万元），其计算公式如下：

某类设备总价（单位：万元）= 设备单价 × 数量 （40-1）

设备购置费总额 = Σ各类设备总价 （40-2）

4）证明材料

项目申请单位应提交以下证明材料：

a. 项目立项相关的证明材料。其中包括项目申报及立项批复文件等。

注：立项文件中必须包含项目建设内容，否则需另行提供项目建设内容证明材料。

b. 项目设备购置相关的证明材料。其中包括：项目设备购置清单（表40-2和表40-3）、设备采购合同和设备购置发票（须包含设备购置明细或附设备清单）等。

c. 项目投资相关的证明材料。其中包括专项决算审计报告等。

d. 项目完成时间相关的证明材料。其中包括项目交工验收文件等。

第三节　交通运输管理与服务能力建设

41. 公众出行信息服务系统应用项目投资额核算技术细则

1）适用范围

本细则适用于公众出行信息服务系统应用项目设备购置费的核算。

2）核算方法

（1）项目设备购置清单的确定

依据专项决算审计报告、“公众出行信息服务系统所需主要设备一览表”（表 41–1），以及相关设备的采购合同和设备购置发票，填写“项目设备购置清单（设备一览表中设备）”（表 41–2）。

对于表 41–1 中不包含的设备，经实地核查或专家研讨确认为项目范围内的，可纳入项目范围，但须填写“项目设备购置清单（设备一览表中未包含设备）”（表 41–3），并说明理由。

公众出行信息服务系统所需主要设备一览表　　表 41–1

项　目	具体细项	主要设备说明
信息管理系统相关软件	公众出行服务系统	须为外购软件
	地理信息系统平台	如 GIS 系统等
	数据库管理系统	含存储容灾管理软件
	呼叫服务管理系统	
	短信服务系统	
	中间件	如消息中间件、交易中间件、数据交换中间件（如路况、公路客运、铁路、民航、加油站等信息集成）等
	网络安全管理软件	
信息管理中心设备	服务器	
	数据存储设备	如磁盘阵列、磁带库等
	网络设备	如路由器、交换机、负载均衡设备、防火墙、漏洞扫描设备、光纤数据传输设备等
	监控中心大屏幕显示系统	如显示屏、图形拼接处理器、视频编解码器、音视频矩阵、RGB 矩阵、无线触摸屏等
	视频监控系统	

项目设备购置清单（设备一览表中设备） 表 41-2

填表单位（公章）： 填表日期： 年 月 日

序号	设备名称	型号	单位	数量	设备单价（万元）	设备总价（万元）	购置日期	对应合同编码	对应发票号码	对应发票金额（万元）	备注
1											
2											
…											
合计	—	—	—	—	—		—	—	—	—	—

单位负责人： 审核人： 填表人： 联系电话：

注：1. 该表中所列设备应与表 41-1 中“具体细项”相对应。

2. 设备名称、型号和设备单价均应按采购合同或发票中的货物名称或产品名称等相关信息进行填写。

3. 设备总价：指该类设备的总的购置费用，其计算公式为：设备总价 = 设备单价 × 数量。

4. 对应合同编码：指购买项目所用设备时签订的，包含该种设备的采购合同的合同编码。

5. 对应发票号码：指包含该种设备购置费用在内的发票的发票号码。

6. 对应发票金额：指包含该种设备购置费用在内的发票的票面总金额。

项目设备购置清单（设备一览表中未包含设备） 表 41-3

填表单位（公章）： 填表日期： 年 月 日

序号	设备名称	型号	单位	数量	设备单价（万元）	设备总价（万元）	购置日期	对应合同编码	对应发票号码	对应发票金额（万元）	备注
1											
2											
…											
合计	—	—	—	—	—		—	—	—	—	—

单位负责人： 审核人： 填表人： 联系电话：

注：1. 该表主要填写无法与表 41-1 中“具体细项”相对应的设备。

2. 该表中所列设备均须逐项说明其在系统中的功能，相关说明另附。

3. 其他注释见表 41-2。

（2）设备购置费的确定

根据项目设备购置清单，计算出相应的设备购置费（单位：万元），其计算公式如下：

某类设备总价（单位：万元）= 设备单价 × 数量　　（41-1）

设备购置费总额 = Σ各类设备总价　　（41-2）

3）证明材料

项目申请单位应提交以下证明材料：

a. 项目立项相关的证明材料。其中包括项目申报及立项批复文件等。

注：立项文件中必须包含项目建设内容，否则需另行提供项目建设内容证明材料。

b. 项目设备购置相关的证明材料。其中包括：项目设备购置清单（表41-2 和表 41-3）、设备采购合同和设备购置发票（须包含设备购置明细或附设备清单）等。

c. 项目投资相关的证明材料。其中包括专项决算审计报告等。

d. 项目完成时间相关的证明材料。其中包括项目交工验收文件等。

42. 物流公共信息平台项目投资额核算技术细则

1）适用范围

本细则适用于物流公共信息平台类项目设备购置费的核算。

2）参考标准

GB/T 22263—2008 物流公共信息平台应用开发指南。

3）核算方法

（1）项目设备购置清单的确定

依据专项决算审计报告、“物流公共信息平台所需主要设备一览表”（表42-1），以及相关设备的采购合同和设备购置发票，填写“项目设备购置清单（设备一览表中设备）”（表42-2）。

对于表42-1中不包含的设备，经实地核查或专家研讨确认为项目范围内的，可纳入项目范围，但须填写“项目设备购置清单（设备一览表中未包含设备）”（表42-3），并说明理由。

物流公共信息平台所需主要设备一览表　　表42-1

项　目	具体细项	主要设备说明
信息系统相关软件	物流公共信息平台系统管理中心	含中心目录服务、行业管理信息发布、标准和代码管理、行业统计和分析等模块
	物流业务信息系统	含普货运输、危货运输、集装箱运输、小件快运、物流站场管理等物流标准业务信息系统，以及数据交换、诚信管理、货物跟踪、网上交易等模块
	安全系统软件	如入侵防御系统、DDOS防御系统、服务器加固与管理系统、网页防篡改系统、数据库安全审计系统、连续数据保护系统（CDP）、用户身份认证系统等
	数据库管理系统	含存储容灾管理软件
	GPS卫星定位监控管理系统	含GIS系统
	中间件	如交易中间件、数据交换中间件、电子口岸、港口、公安、消防、运管部门、GPS中心和各物流企业等信息集成、应用服务器中间件等
信息管理中心设备	服务器	含小型机
	数据存储设备	如磁盘阵列、磁带库等
	网络设备	如路由器、交换机、网关、负载均衡设备、防火墙、漏洞扫描设备、光纤数据传输设备等
	大屏幕显示系统	如显示屏、图形拼接处理器、视频编解码器、音视频矩阵、RGB矩阵、无线触摸屏等

续上表

项 目	具体细项	主要设备说明
外场设备	显示终端	如室外 LED 可变信息板、触摸屏
其他必要的设备		

注：1.“其他必要的设备”是指设备购置一览表中未列出的该类项目所必需的设备，该类设备在整理“项目设备购置清单”时，须单独列表，并在备注栏中说明理由（“其他必要的设备”不能超出物流公共信息平台的业务功能范围）。

2.“其他必要的设备”还可包括物流园区一卡通系统或港口码头 RFID 系统，该系统的主要设备主要指以采集物流园区通行车辆信息或港口集装箱信息为目的的信息采集设备，如 RFID 卡等。

3. 由于各地物流公共信息平台的系统设备在数量上往往不太相同，因此在数量限制方面建议由资金评审组专家组酌情确定。

项目设备购置清单（设备一览表中设备） 表 42-2

填表单位（公章）： 填表日期： 年 月 日

序号	设备名称	型号	单位	数量	设备单价（万元）	设备总价（万元）	购置日期	对应合同编码	对应发票号码	对应发票金额（万元）	备注
1											
2											
…											
合计	—	—	—	—	—		—	—	—	—	—

单位负责人： 审核人： 填表人： 联系电话：

注：1. 该表中所列设备应与表 42-1 中“具体细项”相对应。

2. 设备名称、型号和设备单价均应按采购合同或发票中的货物名称或产品名称等相关信息进行填写。

3. 设备总价：指该类设备的总的购置费用，其计算公式为：设备总价 = 设备单价 × 数量。

4. 对应合同编码：指购买项目所用设备时签订的，包含该种设备的采购合同的合同编码。

5. 对应发票号码：指包含该种设备购置费用在内的发票的发票号码。

6. 对应发票金额：指包含该种设备购置费用在内的发票的票面总金额。

项目设备购置清单（设备一览表中未包含设备） 表 42-3

填表单位（公章）： 填表日期： 年 月 日

序号	设备名称	型号	单位	数量	设备单价（万元）	设备总价（万元）	购置日期	对应合同编码	对应发票号码	对应发票金额（万元）	备注
1											
2											
…											
合计	—	—	—	—	—		—	—	—	—	—

单位负责人： 审核人： 填表人： 联系电话：

注：1. 该表主要填写无法与表 42-1 中“具体细项”相对应的设备。

2. 该表中所列设备均须逐项说明其在系统中的功能，相关说明另附。

3. 其他注释见表 42-2。

（2）设备购置费的确定

根据项目设备购置清单，计算出相应的设备购置费（单位：万元）。其计算公式如下：

某类设备总价（单位：万元）= 设备单价 × 数量 （42-1）

设备购置费总额 = Σ 某类设备总价 （42-2）

4）证明材料

项目申请单位应提交以下证明材料：

a. 项目立项相关的证明材料。其中包括项目申报及立项批复文件等。

注：立项文件中必须包含项目建设内容，否则需另行提供项目建设内容证明材料。

b. 项目设备购置相关的证明材料。其中包括：项目设备购置清单（表42-2 和表 42-3）、设备采购合同和设备购置发票（须包含设备购置明细或附设备清单）等。

c. 项目投资相关的证明材料。其中包括专项决算审计报告等。

d. 项目完成时间相关的证明材料。其中包括项目交工验收文件等。

43. 能耗统计监测管理信息系统应用项目投资额核算技术细则

1）适用范围

本细则适用于交通运输行业用能终端能耗的统计、监测管理信息系统的设备购置费的核算。

2）参考标准

（1）GB/T 15316—2009 节能监测技术通则；

（2）GB/T 8566—2007 信息技术软件生存周期过程。

3）核算方法

（1）项目设备购置清单的确定

依据专项决算审计报告、“能耗统计监测管理信息系统所需主要设备一览表”（表 43-1），以及相关设备的采购合同和设备购置发票，填写“项目设备购置清单（设备一览表中设备）”（表 43-2）。

对于表 43-1 中不包含的设备，经实地核查或专家研讨确认为项目范围内的，可纳入项目范围，但须填写“项目设备购置清单（设备一览表中未包含设备）”（表 43-3），并说明理由。

能耗统计监测管理信息系统所需主要设备一览表 表 43-1

项目	具体细项	主要设备说明
信息系统软件	营运车辆能耗分析系统	满足交通运输能耗统计监测平台（车辆）技术要求（须外购）
	船舶能耗分析系统	满足交通运输能耗统计监测平台（船舶）技术要求（须外购）
	基础设施能耗分析系统	满足交通运输能耗统计监测平台（基础设施）技术要求（须外购）
	网关系统	包括接收车载（船舶）终端数据，并按照部规定的协议解析，能按要求转发车辆终端的原始数据包，具备运行状态监测功能，能通过 GPRS 无线通信设备与车辆（船舶）终端进行双向通信，支持向管理用户发送报警信息（须外购）
	数据库管理系统	能高效处理大容量数据，支持集群部署（须外购）
	数据备份软件	支持对数据库数据进行备份 / 恢复（须外购）
	应用中间件	B/S 架构的运行支撑环境（须外购）
终端设备	营运车辆终端	包括货运车辆能耗监测模块、载荷监测模块、客运车辆能耗监测模块、数据采集与计算模块、GPS 定位模块、无线通信设备模块等
	船舶终端	包括船舶能耗监测模块、数据采集与计算模块、GPS 定位模块、无线通信设备模块等
	基础设施终端	主要为电能消耗监测模块、通信模块等
管理中心设备	通信设备	对应接收营运车辆监测终端、船舶监测终端及基础设施监测终端信息的必需通信模块
	必备的服务器和数据存储设备	系统运行必需的服务器，为存储及备份数据所购置的设备

项目设备购置清单（设备一览表中设备）　　表 43-2

填表单位（公章）：　　　　填表日期：　　年　月　日

序号	设备名称	型号	单位	数量	设备单价（万元）	设备总价（万元）	购置日期	对应合同编码	对应发票号码	对应发票金额（万元）	备注
1											
2											
…											
合计	—	—	—	—	—		—	—	—	—	—

单位负责人：　　审核人：　　填表人：　　联系电话：

注：1. 该表中所列设备应与表 43-1 中“具体细项”相对应。

2. 设备名称、型号和设备单价均应按采购合同或发票中的货物名称或产品名称等相关信息进行填写。

3. 设备总价：指该类设备的总的购置费用，其计算公式为：设备总价 = 设备单价 × 数量。

4. 对应合同编码：指购买项目所用设备时签订的，包含该种设备的采购合同的合同编码。

5. 对应发票号码：指包含该种设备购置费用在内的发票的发票号码。

6. 对应发票金额：指包含该种设备购置费用在内的发票的票面总金额。

项目设备购置清单（设备一览表中未包含设备）　　表 43-3

填表单位（公章）：　　　　填表日期：　　年　月　日

序号	设备名称	型号	单位	数量	设备单价（万元）	设备总价（万元）	购置日期	对应合同编码	对应发票号码	对应发票金额（万元）	备注
1											
2											
…											
合计	—	—	—	—	—		—	—	—	—	—

单位负责人：　　审核人：　　填表人：　　联系电话：

注：1. 该表主要填写无法与表 43-1 中“具体细项”相对应的设备。

2. 该表中所列设备均须逐项说明其在系统中的功能，相关说明另附。

3. 其他注释见表 43-2。

（2）设备购置费的确定

根据项目设备购置清单，计算出相应的设备购置费总额（单位：万元），其计算公式如下：

某类设备总价（单位：万元）= 设备单价 × 数量　　（43-1）

设备购置费总额 = Σ 各类设备总价　　（43-2）

4）证明材料

项目申请单位应提交以下证明材料：

a. 项目立项相关的证明材料。其中包括项目申报及立项批复文件等。

注：立项文件中必须包含项目建设内容，否则需另行提供项目建设内容证明材料。

b. 项目设备购置相关的证明材料。其中包括：项目设备购置清单（表43-2和表43-3）、设备采购合同和设备购置发票（须包含设备购置明细或附设备清单）等。

c. 项目投资相关的证明材料。其中包括专项决算审计报告等。

d. 项目完成时间相关的证明材料。其中包括项目交工验收文件等。

附录

Fulu

单位符号及其名称对照表

序号	符号	单位名称	序号	符号	单位名称
1	A	安培	14	L	升
2	d	天	15	m	米
3	h	小时	16	m^2	平方米
4	kJ	千焦	17	m^3	立方米
5	kg	千克	18	GJ	吉焦
6	kgce	千克标准煤	19	t	吨
7	kgoe	千克标准油	20	tce	吨标准煤
8	km	千米	21	toe	吨标准油
9	kV	千伏	22	TEU	标准箱
10	kV·A	千伏安	23	V	伏特
11	kvar	千乏	24	W	瓦特
12	kW	千瓦	25	Ω	欧姆
13	kW·h	千瓦时或度	26	℃	摄氏度